技能型人才培养实用教材
职业教育专项能力提升计划成果教材

建筑工种实训

主　编　武新杰　季翠华

副主编　罗大春　曾　虹　吕依然　周跃孝

编　者　殷　勇　沈雅雯　邓泽贵　彭　红

　　　　孙　焱　曾春刚

西南交通大学出版社
·成都·

图书在版编目（CIP）数据

建筑工种实训 / 武新杰，季翠华主编. -- 成都：西南交通大学出版社，2020.5（2024.6 重印）
ISBN 978-7-5643-7430-3

Ⅰ. ①建… Ⅱ. ①武… ②季… Ⅲ. ①建筑工程 Ⅳ. ①TU

中国版本图书馆 CIP 数据核字（2020）第 080087 号

Jianzhu Gongzhong Shixun
建筑工种实训

主编　武新杰　季翠华

责任编辑	杨　勇
助理编辑	王同晓
封面设计	何东琳设计工作室
	西南交通大学出版社
出版发行	（四川省成都市金牛区二环路北一段 111 号 西南交通大学创新大厦 21 楼）
营销部电话	028-87600564　028-87600533
邮政编码	610031
网　　址	http://www.xnjdcbs.com
印　　刷	四川森林印务有限责任公司
成品尺寸	185 mm × 260 mm
印　　张	10
字　　数	248 千
版　　次	2020 年 5 月第 1 版
印　　次	2024 年 6 月第 3 次
书　　号	ISBN 978-7-5643-7430-3
定　　价	34.00 元

课件咨询电话：028-81435775
图书如有印装质量问题　本社负责退换
版权所有　盗版必究　举报电话：028-87600562

前　言

我国建设行业稳步发展，对建设工程质量的要求也越来越高。随着"一带一路"倡议带来的巨大影响力，未来几年我国的基础建设、房地产等也将持续升温，建筑市场面临重要的发展机遇。

为满足我国建设行业的持续发展，培养更多、更优秀的顺应建设行业发展需求的一线专业技术管理人才，重庆建筑工程职业学院土木工程系经过几年的教学实践研究，努力实践以工作过程为导向的教学模式，并在坚持以技能操作为重点的高等职业教育领域做了大量而有益的尝试。在此基础上，综合设计了一套适合于高等职业教育层次的建设行业职业工种操作实训丛书。

重庆建筑工程职业学院土木工程系组织编写了这本以"砌筑工""抹灰工""钢筋工""模板工""架子工"等五个工种为脉络的技能培训教材，教材不仅充分考虑了在校高职学生的培养定位，还考虑到社会从业人员对本书的需求条件。

编写组针对国内目前建筑施工现场的实际需求，坚持以实用、够用为原则，重点突出，内容力求通俗易懂。教材理论和实践相结合，配以相关小知识以便于读者理解，同时结合操作考核的要求，将理论和实践从编写结构上分离，便于读者迅速掌握知识技能和通过技能鉴定考试。

本书按照劳动和社会保障部制定国家职业标准的要求编写，严格按照国家建设系统岗位技能鉴定规范以突出内容的实用性和针对性。编写过程中，编者得到了市建委主管部门和重庆建设教育协会有关领导和专家的大力支持和帮助，重庆建筑工程职业学院张银会教授、黄春蕾教授也给本书的编写提出了大量的指导性意见，在此一并感谢。

由于编者水平有限，本书不足之处在所难免，欢迎广大读者在学习和实践中提出宝贵意见，以便我们及时修订和完善。

目 录

单元 1　砌筑工实训	001
◆　实训准备及注意事项	001
◆　实训项目一　砖墙（一）砌筑	015
◆　实训项目二　砖墙（二）砌筑	022
◆　实训项目三　砖基础砌筑	027
单元 2　抹灰工实训	032
◆　实训准备及注意事项	032
◆　实训项目一　标志块、标筋制作	046
◆　实训项目二　室内抹灰	052
◆　实训项目三　室外抹灰	059
单元 3　钢筋工实训	064
◆　实训准备及注意事项	064
◆　实训项目一　钢筋翻样及编制配料单	088
◆　实训项目二　箍筋加工	093
◆　实训项目三　梁筋绑扎安装	096
单元 4　模板工实训	102
◆　实训准备及注意事项	102
◆　实训项目一　独立基础模板安装及拆除	113
◆　实训项目二　柱模板安装及拆除	117
◆　实训项目三　梁模板安装	121
单元 5　架子工实训	126
◆　实训准备、材料准备及注意事项	126
◆　实训项目一　搭、拆直线型双排落地扣件式钢管外脚手架	135
◆　实训项目二　搭设 L 型双排落地扣件式钢管脚手架	143
综合实训任务指导书	147
参考文献	154

单元 1　砌筑工实训

砌体工程施工实训是在学生学习了"建筑材料""工程测量""建筑施工技术"等相关课程内容后进行的生产性实训。本书中技能操作训练以实际应用为主，重在培养学生的实际操作能力。通过砌筑实操训练，学生可获得一定的砌筑生产技能，掌握砌体施工质量技术要求和砌体质量控制方面的实际知识，提高动手能力，巩固、加深、扩大所学的专业理论知识，为生产实习和以后的工作打下必要的基础。

◆ 实训准备及注意事项

1. 砌筑工具

1）主要砌筑工具

（1）瓦刀（砖刀）：主要用于摊铺沙浆、砍削砖块、打灰条，属于个人使用及保管的工具。见图 1.1。

图 1.1　瓦刀

（2）大铲：主要用于铲灰、铺灰和刮浆，并在操作中随时调和沙浆。大铲以桃形者居多，也有长三角形和长方形。是实施"三一"（一铲灰、一块砖、一揉挤）砌筑法的关键工具，见图 1.2。

桃形大铲　　　长三角形大铲　　　长方形大铲

图 1.2　大铲

2）质量控制及检测工具

（1）线锤：用于检测砌体垂直度，见图1.3。

（2）靠尺：用于检查砌体垂直度和墙面平整度，见图1.4。

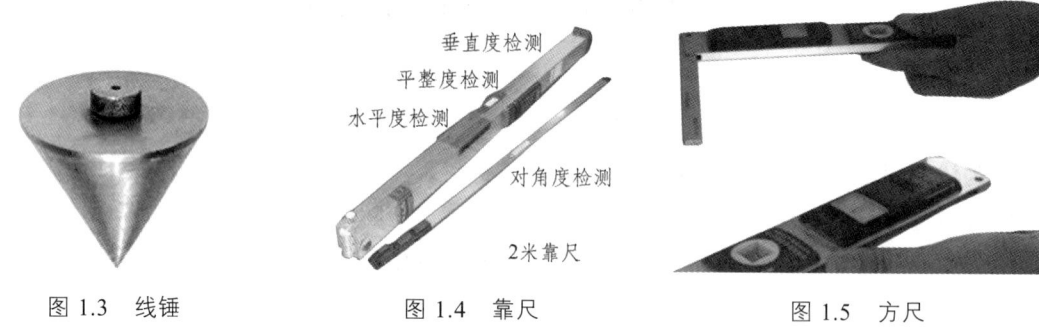

图1.3　线锤　　　　　图1.4　靠尺　　　　　图1.5　方尺

（3）方尺：有阴角和阳角两用，分别用于检查砌体转角的方整程度，见图1.5。

（4）砌墙线：采用麻线、棉线或尼龙线，砌墙时用于控制水平灰缝和墙面平整度，见图1.6和图1.7。

（5）百格网：用于检测砌体的灰浆饱满度的工具，见图1.8。

  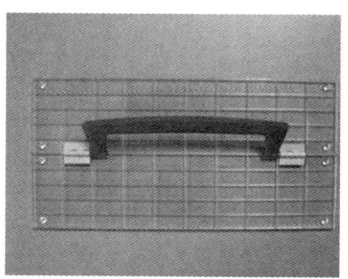

图1.6　尼龙线　　　　　图1.7　挂线　　　　　图1.8　百格网

（6）皮数杆：杆上画有每皮砖和灰缝厚度，以及门窗洞口、过梁、楼板等高度位置的一种木制标杆。用于控制墙体竖向尺寸及各部位构件的竖向标高，并保证灰缝厚度的均匀性。

（7）钢卷尺：用于检查砌体中线、标高等的工具。

（8）水平尺、塞尺：用于检验平整度的工具，见图1.9和图1.10。

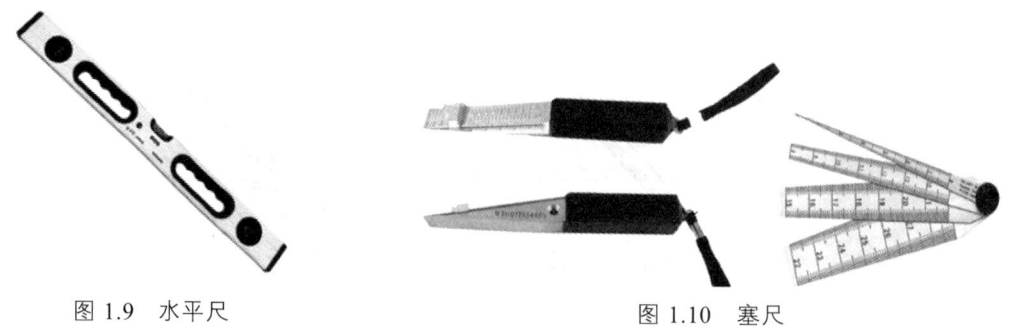

图1.9　水平尺　　　　　　　　　图1.10　塞尺

3）运料工具及其他工具

主要包括：沙浆搅拌机、双轮手推沙浆车、灰桶、磅秤等。

2. 砌筑材料

砌筑材料组成及分类见表1.1。

表1.1 砌筑材料组成

砌筑材料组成	砌体	砌墙砖	烧结砖、蒸养（压）砖等
		砌块	加气混凝土砌块、普通混凝土空心小砌块、石膏砌块等
		石材	毛石、粗料石、细料石等
	沙浆		水泥、石灰、沙等

1）烧结砖

烧结砖是指以黏土、页岩、煤矸石、粉煤灰为主要原料经焙烧而成的普通砖。按主要原料分为黏土砖（N）、页岩砖（Y）、煤矸砖（M）和粉煤灰砖（F）。按孔洞率大小划分见表1.2。

表1.2 烧结砖的分类及规格

分类	定义	规格/mm×mm×mm	强度等级	备注
烧结普通砖	以黏土、页岩、煤矸石、粉煤灰为主要原料经焙烧的实心砖	240×115×53	MU30、MU25、MU20、MU15、MU10	—
烧结多孔砖	大面有孔洞的砖，孔的尺寸小而数量多，其孔洞率大于等于25%，砖内空洞内径不大于22 mm，用于承重部位	240×115×90 120×115×90 180×115×90	MU30、MU25、MU20、MU15、MU10、MU7.5、MU5.0、MU3.5	—
烧结空心砖	孔的尺寸大而数量少，其孔洞率一般可达40%以上，用于非承重部位	290×190×90 390×190×190	MU10、MU7.5、MU5.0、MU3.5、MU2.5	根据密度分为：800、900、1000（kg/m³）

注：烧结普通砖的外观质量应符合现行国家标准《烧结普通砖》（GB5101）的要求。

2）砌　块

（1）普通混凝土小型空心砌块。

普通混凝土小型空心砌块，以水泥、沙、碎石或卵石、水等预制而成。

普通混凝土小型空心砌块规格尺寸见表1.3。

表1.3 普通混凝土小型空心砌块规格尺寸表

项目	外形尺寸/mm			最小壁肋厚度/mm	空心率
	长度	宽度	高度		
主砌块	390	190	190	30	50%
辅助砌块	290	190	190	30	42.7%
	190	190	190	30	43.2%
	90	190	190	30	15%

注：最小外壁厚应不小于30 mm，最小肋厚应不小于25 mm。

普通混凝土小型空心砌块外形尺寸允许偏差见表1.4。

表1.4 普通混凝土小型空心砌块尺寸允许偏差　　　　　单位：mm

项目名称	优等品（A）	一等品（B）	合格品（C）
长度	±2	±3	±4
宽度	±2	±3	±4
高度	±2	±3	+3～-4

普通混凝土小型空心砌块外观质量要求见表1.5。

表1.5 普通混凝土小型空心砌块外观质量

项目名称		优等品（A）	一等品（B）	合格品（C）
弯曲/mm		≤2	≤2	≤2
掉角缺棱	个数/个	0	≤2	≤2
	三个方向投影尺寸的最小值/mm	0	≤20	≤30
裂纹延伸的投影尺寸累计/mm		0	≤20	≤30

（2）蒸压加气混凝土砌块。

蒸压加气混凝土砌块是以水泥、矿渣、粉煤灰、沙子为主要原料，加入铝粉或其他发泡引气剂作为膨胀加气剂，经过磨细、配料、浇筑、切割、蒸养硬化而成的轻质多孔材料。

性能特点：保温，隔声，可切割、刨削、锯、钻，吸水率高。

常用于砌筑轻质隔墙、混凝土外板墙的内衬，但不能作为承重墙。

蒸压加气混凝土砌块常见规格尺寸见表1.6。

表1.6 蒸压加气混凝土砌块规格　　　　　单位：mm

长度 L	宽度 B	高度 H
600	100、125、150、200、250、300	200、250、300
	120、180、240	

3）石　材

石材是从天然岩层中开采而得的毛料和经加工呈块状、板状的石料。其主要分类和用途见表1.7。

表1.7　石材分类及用途

石材	毛石	由人工采用撬凿法和爆破法开采出来的不规则石块。一般要求在一个方向有较平整的面。 一般用于基础、挡土墙、护坡、堤坝
	粗料石	亦称块石，经过粗加工而得的形状较整齐的成品。 用于基础、勒脚和毛石砌体的转角部位
	细料石	经选择后，再经人工打凿和琢磨而成的成品。 形状方正、尺寸规格，用于较高级台阶、勒脚、墙体等，也可用于高级饰面的镶贴

4）砌筑沙浆

（1）沙浆的作用和种类。

沙浆是由胶凝材料、水和沙按适当比例拌和而成。沙浆在建筑工程中是一种用量大、用途广的建筑材料，它主要用于砌筑砖结构（如基础、墙体等），也用于建筑物内外表面（墙面、地面、天棚等）的抹灰。

沙浆的作用是把各个块体胶结在一起，形成一个整体，当沙浆硬结后，可以均匀地传递荷载，保证砌体的整体性，由于沙浆填满了砖石间的缝隙，对房屋亦可起到保温的作用。

砌筑工程中，沙浆的适用范围、作用及种类说明详见表1.8。

表1.8　砌筑沙浆种类

项　目		说　明
沙浆的种类	水泥沙浆	水泥沙浆是由水泥和沙子按一定比例混合搅拌而成，它可以配置强度较高的沙浆。水泥沙浆一般应用于基础、长期受水浸泡的地下室和承受较大外力的砌体
	混合沙浆	混合沙浆一般由水泥、石灰膏、沙子拌和而成，一般用于地面以上的砌体。混合沙浆由于加入了石灰膏，改善了沙浆的和易性，操作起来比较方便，有利于砌体密实度和工效的提高
	石灰沙浆	石灰沙浆是由石灰膏和沙子按一定比例搅拌而成的沙浆，完全靠石灰的气硬而获得强度。强度等级一般达到M0.4或M1
	防水沙浆	在水泥沙浆中加入3%～5%的防水剂制成防水沙浆。防水沙浆应用于需要防水的砌体（如地下室墙砖砌水池、化粪池等），也广泛用于房屋的防潮层
	嵌缝沙浆	嵌缝沙浆一般使用水泥沙浆，也有用白灰沙浆的。其主要特点是沙子必须采用细沙或特细沙，以利于勾缝
	聚合物沙浆	它是一种掺入一定量高分子聚合物的沙浆，一般用于有特殊要求的砌筑物

（2）沙浆中的塑化材料见表1.9。

表1.9　沙浆中塑化材料

石灰膏	生石灰熟化后，用孔洞不大于3 mm×3 mm网滤渣后，储存在石灰池内沉淀不少于14 d（细磨生石灰粉熟化时间不小于1 d）。 经过泌水和去渣（不大于3 mm×3 mm网滤渣），进行20 min加热至700 ℃检验，无乙炔气味时方可使用。严禁使用脱水硬化的石灰膏
粉煤灰	增加沙浆的和易性，有一定活性
外加剂	改善沙浆性能。如塑化剂、抗冻剂、早强剂、防水剂等

（3）沙浆的技术要求见表1.10。

表1.10　沙浆的技术要求

流动性	也叫稠度，是指沙浆的稀稠程度。沙浆的流动性与沙浆的加水量、水泥用量、石灰膏用量、沙子的颗粒大小和形状、沙子的孔隙以及沙浆搅拌的时间等有关。对沙浆的流动性要求，可以因砌体种类、施工时大气温度和湿度等的不同而异。当砖浇水适当而气候干热时，稠度宜采用8～10 mm；当气候湿冷，或砖浇水过多及遇有雨天时，稠度宜采用4～5 mm；当砌筑毛石、块石等吸水率小的材料时，稠度宜采用5～7 mm
保水性	沙浆的保水性是指沙浆从搅拌机出料后到使用在砌体上，沙浆中的水和胶结材料以及骨料之间分离的快慢程度。分离快的保水性差，分离慢的保水性好。保水性与沙浆的组分配合、沙子的粗细程度和密实度有关。远距离的运输也容易引起沙浆的离析。同一种沙浆，稠度大的容易离析，保水性就差，所以，在沙浆中添加微沫剂是改善保水性的有效措施。保水性与沙浆的组分配合、沙子的粗细程度和密实度等有关。一般来说在保水性上，石灰沙浆＞混合沙浆＞水泥沙浆
强度	沙浆的主要指标，其数值与砌体的强度有直接关系。沙浆强度等级分为M15、M10、M7.5、M5、M2.5、M1、M0.4等七个等级。其影响因素主要有配合比、原材料、搅拌时间

3. 砌筑操作技术要求

1）砖砌体的组砌形式

砌筑工程组砌形式见图1.11，做法及适用墙厚见表1.11。

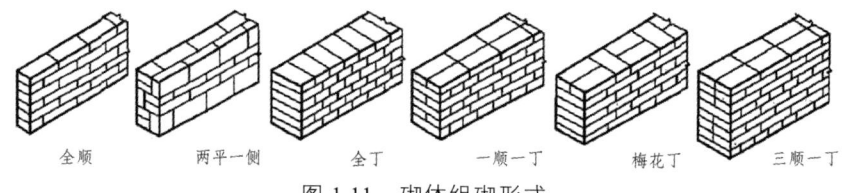

图1.11　砌体组砌形式

表1.11　砖砌体组砌形式、做法及适用墙厚

组砌形式	做法	适用墙厚
全顺	各皮砖均顺砌，上下皮垂直灰缝相互错开半砖长（120 mm）	适合砌半砖厚（115 mm）墙。
全丁	各皮砖均丁砌，上下皮垂直灰缝相互错开1/4砖长	适合砌一砖厚（240 mm）墙
一顺一丁	"一顺一丁"砌法是一层顺砖与一层丁砖相互间隔砌成。墙面形式有两种： 十字缝——条砖上下对齐，上下皮间的竖缝相互错开1/4砖长； 骑马缝——条砖上下层相错半砖（也称长身缝）	适用于一砖和一砖以上的墙厚
三顺一丁	"三顺一丁"砌法是三层顺砖与一层丁砖相互间隔砌成。上下皮顺砖间错缝1/2砖长，上下皮顺砖与丁砖间错缝1/4砖长	适用于一砖和一砖以上的墙厚
梅花丁	"梅花丁"砌法是每皮中丁砖与顺砖相隔，上皮丁砖坐中于下皮顺砖，上下皮竖缝相互错开1/4砖长	主要用于砌筑清水墙
两平一侧	两皮顺砖与一皮侧砖相间，上下皮垂直灰缝相互错开1/4砖长（60 mm）以上	适合砌3/4砖厚（180 mm）墙

图1.12~图1.15为常见组砌形式下每皮砖的做法示意图。

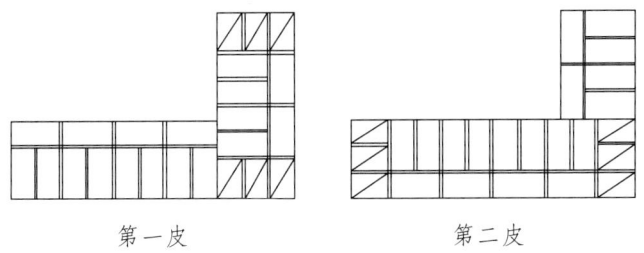

第一皮　　　　　　　　　第二皮

图1.12　一顺一丁式"370"墙砌法

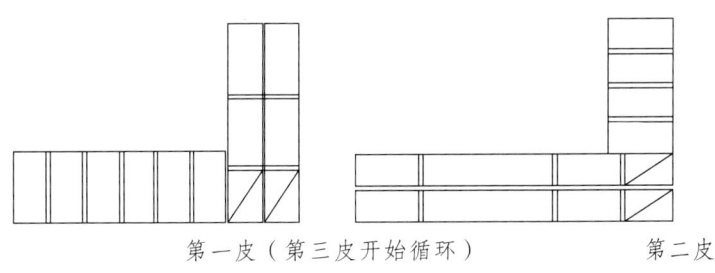

第一皮（第三皮开始循环）　　　　　　　　　第二皮

图1.13　一顺一丁式"240"墙砌法

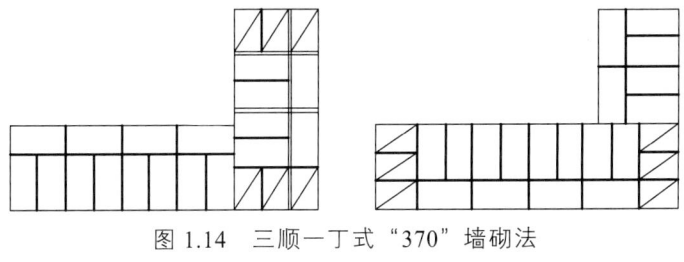

图1.14　三顺一丁式"370"墙砌法

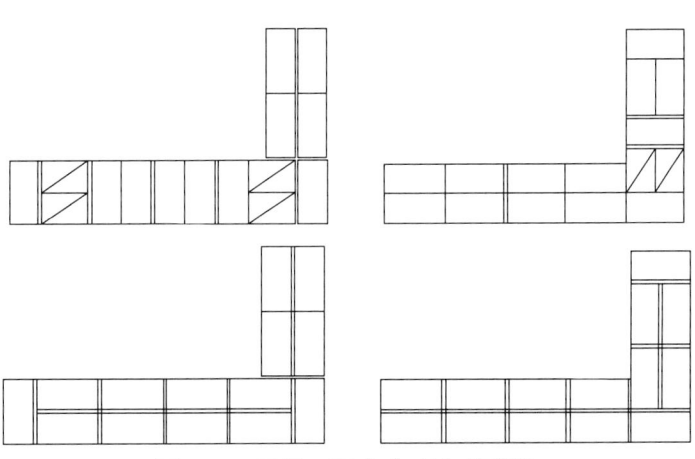

图1.15　三顺一丁式"240"墙砌法

2）砌筑的技术要求

（1）烧结砖均应提前 1~2 d 润湿。

（2）砌筑沙浆应随拌随用，严禁加水二次拌制。

（3）选砖：选择棱角整齐，无弯曲，无裂缝，规格基本一致的砖。

（4）排砖：根据弹好的位置线，认真核对墙垛尺寸，尽量符合砖的模数，减少配砖的使用。

（5）砖墙整体砌筑要求：横平竖直、沙浆饱满、上下错缝、内外搭砌、接茬牢固。砖墙底部宜砌丁砖，如墙体底部凹凸不平，可适当以 C20 细石混凝土找平。

（6）灰缝沙浆应饱满，灰缝厚度 8~12 mm，水平灰缝的沙浆饱满度不得低于 80%。灰缝应横平竖直，垂直灰缝宜用内外夹板灌缝不得出现透明缝、瞎缝或假缝。

（7）必须在墙体两侧双面挂线，每皮砖都要拉线看平，挂线一定要拉紧绷直，从而控制抹灰厚度。灰缝应随砌筑随勾缝，每砌一皮砌块，就位校正后，用沙浆灌垂直缝，随后进行灰缝的勒缝，深度为 3~5 mm。

3）砌筑工程关键质量控制点

（1）沙浆强度不稳定。预防措施如下：

① 沙浆配合比的确定，在满足沙浆和易性的条件下，控制沙浆的强度。

② 建立施工计量工具检验、维修、保管制度。

③ 沙浆搅拌加料顺序：用沙浆搅拌机搅拌应充分投料，先加入部分沙子，水和全部粉煤灰，再投入其余的沙子和全部水泥。搅拌时间>3 min。

④ 试验员持证上岗，严格按国家规范制作沙浆试块。

（2）沙浆和易性差，沉底结硬。沙浆和易性不好，保水性差，砌筑时铺摊和挤浆都困难，影响沙浆与砖的黏结力，而且容易产生沉淀，泌水现象，灰槽中沙浆沉底结硬，无法砌筑。预防措施如下：

① 低强度沙浆必须使用混合沙浆，或掺水泥用量 5%~10%的粉煤灰，达到改善沙浆和易性目的。

② 拌制沙浆应加强计划，每月拌量应根据所砌筑的部位尽量做到随拌随用，一般气温条件下，可控制在 3~4 h 用完，气温较高，可控制在 2~3 h 用完。杜绝隔日沙浆不经处理而继续使用的现象。

③ 砖砌体组砌混乱。里外皮砖层互不相咬形成内通缝，降低了砌体强度和整体性。预防措施如下：

① 砌筑前，应对照图纸，针对不同墙厚的砖墙交接形式预排砖花。

② 墙体中砖缝搭接不得少于 1/4 砖长，空心砖二层砖应有一层拉结。

（4）砖砖缝沙浆不饱满，砖层水平灰缝沙浆饱满低于 80%（规范规定），竖缝内无沙浆（瞎缝）。预防措施如下：

① 改善沙浆和易性是确保灰缝沙浆饱满和提高黏结强度的关键。

② 当砌筑砖厚大于 90 mm 时宜采用"挂、填、砌"法，即先铺水平灰（长度不大于 500 mm）于砖头挂竖灰后挤砌，对不满的竖缝用勾抹子再行勾填饱满的方法。抹子再行勾隙点焊限位点取样。

③ 严禁干砖砌墙。

（5）斜立砌未顶紧梁板底，造成墙体和梁板相接处的裂缝，在砖墙抹灰后尤为明显，影响观感。预防措施如下：

① 操作前，对照图纸根据梁板底有不同标高，由上至下分皮数，并做皮数杆，确保斜立砌的坡角在 60°~75°，以便顶紧梁板底。模数不符时，应尽量在靠在面三皮砖内调整。

② 斜顶砌筑宜在墙体砌筑后停歇 7 d 进行。为保证顶砌紧密，可在上下顶缝间用楔（砖、石碎片）紧塞，并且斜立砌时采用刮浆加填喂沙浆的方法。

（6）空心砖砌体砌筑外墙，引进大面积渗漏。用空心砖砌体砌筑外墙，由于外墙防水失效，渗入空心砖内使空心砖砌体内大量贮水，引起大面积渗漏。预防措施如下：

① 外墙砌筑应用多孔砖组砌，砌筑砖浆要饱满。

② 外墙的内外面均须用水泥沙浆打底。

③ 按照上条②，确保顶砌质量。

4. 砌筑实训注意事项

（1）做好砌筑理论知识的学习准备。认识砌筑常用工具，熟悉砌筑材料。

（2）实训前，应根据实训项目内容对实训所用材料用量进行计算，避免浪费。

（3）实训过程中，注意安全，爱护工具，节约材料，避免环境污染。

（4）实训结束后，应恢复现场。所砌砌体全部拆除，砖、灰分离，分类堆放，废料丢弃，将现场打扫干净。砌筑工具清洗干净，返还原处。

5. 砌筑工程技术交底

（1）××项目砖墙砌筑工程施工技术交底示例如表 1.12。

表 1.12　××项目砖墙砌筑工程施工技术交底

工程名称	××××××	交底部位	A1-16#、18#、59#-62#楼
分项工程名称	砖墙砌筑工程	交底日期	2017-05-15
交底内容			
一、施工准备 1. 材料准备 （1）砌体材料：采用轻集料混凝土空心砌块、标准砖、页岩空心砖。现场准备好堆放场地，要求平整、清洁、不积水。进场砌体材料具有厂家生产资格证和产品出厂合格证，并按规定随机抽样送检验机构检验合格。 （2）水泥：采用普通硅酸盐水泥，质量证明文件齐全，并按品种、强度等级、出厂日期分别堆放，			

经鉴定合格。

（3）沙：中沙，含泥量小于 4%，使用前过 0.8 mm 孔径的筛子。不得含有草根和废渣等杂物。

（4）外加剂：外加剂采用 XF-S 高效沙浆塑化剂，质量书和合格证齐全，并符合国家有关规定。

（5）水：拌制沙浆的水采用洁净的天然水，经复试合格。

（6）其他材料：辅助砌块、混凝土实心标准砖、$\phi 6$ 钢筋等。

2. 作业条件

（1）将墙身部位楼地面表面清理干净，弹好墙身门窗洞口位置线，在结构墙柱面上弹好砌体立边线。

（2）在结构墙柱上弹好+500 mm 标高水平线。

（3）卫生间的墙体（砌筑下）必须浇注 200 mm 高混凝土，包括管井（混凝土至门下）。

（4）砌筑前应根据墙体尺寸及砌块尺寸计算其皮数和排数，并编制排列图，标明主砌块、辅砌块、特殊砌块、预留门窗洞、预留洞口位置、拉结筋设置位置等。

二、操作工艺

1. 沙浆拌制

（1）沙浆配合比，根据实验室配比采用重量比，计量允许偏差：水泥为±2%，沙控制在±5%以内。

（2）沙浆应随拌随用，一般必须在拌成后 3 h 内使用完毕。气温超过 30 ℃时，必须在 2 h 用完。必要时可采用掺外加剂等措施延长使用时间，上午的沙浆不得下午使用。严禁使用过夜沙浆。

（3）沙浆必须装在灰槽内使用，不允许落地。

2. 砌筑

（1）砌筑班组进场后必须做样板层，经项目部技术人员、质量人员、放线人员、甲方、监理验收合格后，方可进行大面积施工，坚持样板引路的原则。

（2）砌筑前，放线人员将墙体尺寸、位置、过梁位置、预留洞口位置、特殊节点交代明确。施工时首先在墙体阴阳角处根据标高及砌体规格先立好皮数杆，杆间距离不宜超过 15 m，杆上应标明皮数以及门窗洞口、过梁等部位标高。灰缝控制在 8～12 mm。要求墙体水平灰缝与建筑平线平行，偏差小于 5 mm，竖缝通线。

（3）砌墙前基层清理干净、拉好水平线，在放好墨线的位置上，按排列图从墙体转角处或定位砌体处开始砌筑，最下一皮砖如水平灰缝大于 20 mm 时，先用 C15 细石混凝土找平后方可砌筑。

（4）混凝土砌块不宜浇水；当天气干燥炎热时，可在砌块上稍加喷水润湿；轻集料混凝土小砌块施工前可洒水，但不宜过多，龄期不足 28 d 及潮湿的小砌块不得进行砌筑。

（5）砌块必须错缝搭接，且宜对孔、底朝上反砌，保证灰缝饱满。空心砖上下皮搭接长度宜为砖长 1/2，不得小于砖长 1/3；混凝土空心砌块应对孔错缝搭砌，上下皮小砌块竖向灰缝相互错开，否则在灰缝中应设置拉结筋或网。

（6）一次铺设沙浆的长度不宜超过 800 mm。铺设沙浆后应立即放置砌块，可用木槌敲击摆正、找平。

（7）墙体转角处应咬槎砌筑，纵横交界处为咬槎时应设置拉结措施，设置拉结钢网或钢筋。

（8）墙体施工缝处必须砌成斜槎，如留斜槎却有困难时，则必须沿高度 500 mm 左右设置 $2\phi 6$ 拉结筋。钢筋伸入墙内每边不小于 600 mm，也可采用拉结钢网等其他措施。

（9）墙体与混凝土墙柱交接处，应将墙柱上预留的拉结筋展平，砌入水平灰缝中，砌块与墙柱间的灰缝必须填满沙浆。

（10）所有门窗洞口，两侧均使用实心标准砖砌筑。门窗顶如有砌体，应采用不低于 M5 的沙浆。按设计标高将预制钢筋混凝土过梁牢固砌入，或采用现浇钢筋混凝土过梁。

（11）安装窗边框前，混凝土窗台板的板面应平整。如无混凝土窗台板，窗台应采用普通砖砌筑，上部必须铺设钢筋并以水泥沙浆抹平，达到设计标高。

（12）墙顶部与主体结构间留 25 mm 缝，待 7 d 后用实心砖斜砌顶实，砌体沉降稳定后使用膨胀沙浆填实。

（13）墙体每天砌筑高度以控制在 1.8 m 为宜，室外墙体雨天砌筑高度不宜超过 1.2 m。

（14）施工中如需设置临时施工洞口，其侧边离交接处的墙面不应小于 600 mm，且顶部应设置过梁。填砌施工洞时所用的沙浆强度等级应相应提高一级。

（15）雨期施工时，砌块应做好防雨措施，不得使用被水湿透的砌块。当雨量较大且无遮盖时，应停止砌筑并对已砌筑好的墙体采取遮雨措施，继续施工时应复核墙体的垂直度。

（16）构造柱两侧砌墙在施工时应清理干净残留沙浆。砌体填充墙应沿墙体高度设 $2\phi6$ 墙体拉结筋，每 500 mm 设一道，伸入墙内 1/5 填充墙长与 700 mm 两者的大值或至洞口边。

（17）墙体拉结筋，构造柱、圈梁的钢筋与结构连接采用植筋方法，植筋时要注意清孔，保证植筋质量。

（18）构造柱、过梁在立模前应认真清理钢筋内的沙浆、杂物，浇筑混凝土前，应浇水湿润模板和墙面，使混凝土与墙面有很好的粘结。门窗洞口下底模的拆除，应符合国家相关标准的有关规定。

（19）风道井的 60 mm 厚砖墙为了配合电气、水暖后隔槽需要，将加大沙浆强度。

3. 应遵循的主要标准

(1) 使用砌块的品种、强度等级必须符合设计要求。

(2) 砌筑沙浆品种、强度等级必须符合设计和施工规范的要求（每一层楼或每 250 m³ 砌体的每种强度等级的沙浆至少制作两组试块）。

(3) 砌体沙浆必须密实饱满，沙浆饱满度：水平缝不低于 90%；竖直缝不低于 80%。应边砌边勾缝，不得出现暗缝，严禁出现透缝

(4) 外墙的转角处必须同时砌筑，严禁留直槎，其他临时间断处，留槎的做法必须符合施工规范的要求。

(5) 预埋拉接筋的数量、长度均应符合设计要求和施工规范，留置间距偏差不超过 1 皮砌块。

(6) 砌体灰缝厚度为 8~12 mm，墙面垂直度小于 5 mm，平整度小于 8 mm，且每砌完一块必须原浆勾缝。

(7) 允许偏差项目如下表所示。

序号	项目		允许偏差/mm	检查方法
1	轴线位移		10	用经纬仪或拉线和尺
2	墙面垂直度	小于等于 3 m	5	用吊线法或 2 m 托线板
		大于 3 m	10	
3	表面平整度	清水墙、柱	5	2 m 长靠尺和塞尺
		混水墙、柱	8	
4	水平灰缝平直度（10 m 以内）	清水墙 10 m 以内	7	用 10 m 拉线和尺检查
		混水墙 10 m 以内	10	
5	水平灰缝厚度（连续 5 皮砌块累计数）		±10	用尺检查
6	垂直灰缝宽度（连续 5 皮砌块累计数）		±15	用尺检查
7	门窗洞口（后塞框）	宽度	±5	用尺检查
		高度	±5	

4. 成品保护

(1) 砌块在装运过程中应轻装轻放,堆码整齐,堆码高度不宜超过 1.6 m。

(2) 运输钢管等材料时,不得碰坏已砌墙体和门窗洞口角。

(3) 不得随意撬动已砌好的砌块或在砌体上随意打洞凿槽

(4) 注意保护墙面洁净,不允许用油污等污染墙面。

5. 应注意的问题

(1) 不得使用龄期不足 28 d、潮湿、破裂、不规整、表面被污染的砌块。

(2) 砌体内的管槽盒应在砌筑时根据设计要求预留好。电气盒位置要求全部使用切割锯切割,规格、位置要准确,坚决禁止使用锤、钻凿洞。户总部位砌筑时预留位置。安装后,箱四周采用细石混凝土灌实。各分户墙上的预留线盒不得直接对位,必须相互错开(墙两侧)。电线管则上穿砌块孔,当确实有困难时,要求砌筑时留砖缝,缝宽不得大于管径 10 mm,砖缝处增设两根 $\phi 6$ 钢筋拉结。砖缝要求每皮砖均需加设拉结筋,砖缝要求垂直、通线。

(3) 砌筑后需移动砌块或砌块松动,均须铲除原有沙浆重新砌筑。灰缝找平时严禁在灰缝中塞石子和木片。

(4) 砌注时必须按规定埋设拉结筋,以保证砌体稳定。

(5) 砌筑时灰缝应饱满,严禁干砌再灌缝。

(6) 注意成品保护,严禁破坏防水层。

6. 工程处罚条例

(1) 砌体材料运输过程中未轻拿轻放和到现场归垛的;野蛮装卸造成材料损坏的,每发现一次罚款 200 元。

(2) 砌体的转角处、交接处应同时砌筑,对不能同时砌筑而又必须留置的临时间断处,应砌成斜槎,并按规范设置拉结筋。斜槎水平投影长度不应小于高度的 2/3,凡是违反此条的,每处罚款 200 元。

(3) 砌筑工程实测项目未达到规范要求,出现水平灰缝的沙浆饱满度低于 80%,竖向灰缝出现透明缝、瞎缝和假缝、拉结筋漏压的,每面墙罚款 200 元,并限期整改

(4) 施工洞、电气箱盒的洞口应按规范要求设置混凝土过梁和压墙筋,过梁支座每端的长度不得小于 240 mm,否则每处罚款 200 元。

(5) 不按平线砌筑,标高每升降 10 mm,罚款 50 元,累计叠加。

(6) 砌筑沙浆未按配比操作和沙浆运至现场后直接堆放在结构板上的,每发现一次罚款 300 元。强度低于标准并已施工上墙的全部返工,并承担所有材料、人工和机械损失费。

(7) 采用轻集料混凝土空心砌块的墙体,水、电线盒、预埋管线孔洞必须使用切割锯切割,不得使用锤、凿开洞,发现一次罚款 100 元。

(8) 填充墙至梁(板)下必须留置斜砌砖位置,满足规范要求沉降期(7 d)后再砌筑,未预留砌砖位置、未到沉降期砌筑或斜砌角度不满足 45°~60°的,每处罚款 300 元,并且全部返工,包赔全部损失。

(9) 门窗洞口处未按技术要求位置留置预制混凝土块,漏放或留置位置偏差的,每处罚款 100 元,并按要求整改合格。

(10) 没有做到工完场清,及时清理,并且垃圾没有排到指定地点,每次罚款 1 000 元。

未尽事宜请及时与交底人联系!如与上级有关规定相抵触,按上级规定执行

技术负责人: 交底人: 接收人:

6. 砖砌体工程检验批质量验收记录表示例

表 1.13 砖砌体工程检验批质量验收记录

（GB50203—2011）表 5.0　　　　　　　　　　　　编号：010701/020301□□□

工程名称				分项工程名称		项目经理	
施工单位				验收部位			
施工执行标准名称及编号						专业工长（施工员）	
分包单位				分包项目经理		施工班组长	

		质量验收规范的规定		施工单位自检记录	监理（建设）单位验收记录
		检查项目	质量要求		
主控项目	1	砖强度等级	设计要求 MU		
	2	沙浆强度等级	设计要求 M		
	3	斜槎留置	5.2.3 条		
	4	直槎拉结钢筋及接槎处理	5.2.4 条		
	5	沙浆饱满度	≥80%	% % % % % % % % % %	
	6	轴线位移	≤10 mm		
	7	垂直度（每层）	≤5 mm		
一般项目	1	组砌方法	5.3.1 条		
	2	水平灰缝厚度	8～12 mm		
	3	顶（楼）面标高	±15 mm 以内		
	4	表面平整度	清水 5 mm		
			混水 8 mm		
	5	门窗洞口高、宽	±5 mm 以内		
	6	外墙上下窗偏移	20 mm		
	7	水平灰缝平直度	清水 7 mm		
			混水 10 mm		
	8	清水墙游丁走缝	20 mm		

施工操作依据	
质量检查记录	

施工单位检查结果评定	项目专业质量检查员：　　　　　　　　项目专业技术负责人： 　　　　　　　　　　　　　　　　　　　　　　　　　　　　　年　月　日
监理（建设）单位验收结论	专业监理工程师： （建设单位项目专业技术负责人） 　　　　　　　　　　　　　　　　　　　　　　　　　　　　　年　月　日

010701/020301□□□说明

强 制 性 条 文

4.0.1 水泥进场使用前,应分批对其强度、安定性进行复验。检验批应以同一生产厂家、同一编号为一批。

当在使用中对水泥质量有怀疑或水泥出厂超过3个月(快硬硅酸盐水泥超过1个月)时,应复查验,并按其结果使用。不同品种的水泥,不得混合使用。

4.0.8 凡在沙浆中掺入有机塑化剂、早强剂、缓凝剂、防冻剂等,应经检验和试配符合要求后,方可使用。有机塑化剂应有砌体强度的型式检验报告。

主 控 项 目

5.2.1 砖和沙浆的强度等级必须符合设计要求。

抽检数量:每一生产厂家的砖到现场后,按烧结砖15万块、多孔砖5万块、灰沙砖及粉煤灰砖10万块各为一验收批,抽检数量为1组。沙浆试块的抽检数量执行本规范第4.0.12条的有关规定。

检验方法:查砖和沙浆试块试验报告。

5.2.2 砌体水平灰缝的沙浆饱满度不得小于80%。

抽检数量:每检验批抽查不应少于5处。

检验方法:用百格网检查砖底面与沙浆的黏结痕迹面积。每处检测3块砖,取其平均值。

5.2.3 砖砌体的转角处和交接处应同时砌筑,严禁无可靠措施的内外墙分面施工。对不能同时砌筑而又必须留置的临时间断处应砌成斜槎,斜槎水平投影长度不应小于高度的2/3。

抽检数量:每检验批抽20%接槎,且不应少于5处。

检验方法:观察检查。

5.2.4 非抗震设防及抗震设防烈度为6度、7度地区的临时间断处,当不能留斜槎时,除转角处外,可留直槎,但直槎必须做成凸槎。留直槎处应加设拉结钢筋,拉结钢筋的数量为每120 mm墙厚放置1φ6拉结钢筋(120 mm厚墙放置2φ6拉结钢筋),间距沿墙高不应超过500 mm,埋入长度从留槎处算起每边均不应小于500 mm;对抗震设防烈度6度、7度的地区,不应小于1 000 mm,末端应有90°弯钩。

抽检数量:每检验批抽20%接槎,且不应少于5处。

检验方法:观察和尺量检查。

合格标准:留槎正确,拉结钢筋设置数量、直径正确,竖向间距偏差不超过100 mm,留置长度基本符合规定。

5.2.5 砖砌体的位置及垂直度允许偏差应符合表5.2.5的规定。

表5.2.5 砖砌体的位置及垂直度允许偏差

项次	项 目			允许偏差/mm	检 验 方 法
1	轴线位置偏移			10	用经纬仪和尺检查或用其他测量仪器检查
2	垂直度	每层		5	用2 m托线板检查
		全高	≤10 m	10	用经纬仪、吊线和尺检查,或用其他测量仪器检查
			>10 m	20	

注:本表由施工项目专业质量检查员填写,专业监理工程师(建设单位项目专业技术负责人)组织项目专业质量(技术)负责人等进行验收。

抽检数量：轴线查全部承重墙柱；外墙垂直度全高查阳角，不应少于4处，每层每20 m查一处；内墙按有代表性的自然间抽10%，但不应少于3间，每间不应少于2处，柱不少于5根。

一 般 项 目

5.3.1 砖砌体组砌方法应正确，上、下错缝，内外搭砌，砖柱不得采用包心砌法。

抽检数量：外墙每20 m抽查一处，每处3~5 m，且不应少于3处；内墙按有代表性的自然间抽10%，且不应少于3间。

检验方法：观察检查。

合格标准：除符合本条要求外，清水墙、窗间墙无通缝；混水墙中长度大于或等于300 mm的通缝每间不超过3处，且不得位于同一面墙体上。

5.3.2 砖砌体的灰缝应横平竖直，厚薄均匀。水平灰缝厚度宜为10 mm，但不应少于8 mm，也不应大于12 mm。

抽检数量：每步脚手架施工的砌体，每20 m抽查1处。

检验方法：用尺量10皮砖砌体高度折算。

◆ 实训项目一 砖墙（一）砌筑

1. 实训任务

用页岩空心砖与页岩普通砖配砌L形墙体，留设构造柱。砖墙的组砌形式为全顺式。上下皮砖竖缝相互错开1/2砖长。构造柱处砖墙的马牙槎作法应是先退后进，每2皮空心砖进（退）一次，构造符合规定。平面图如图1.16所示。

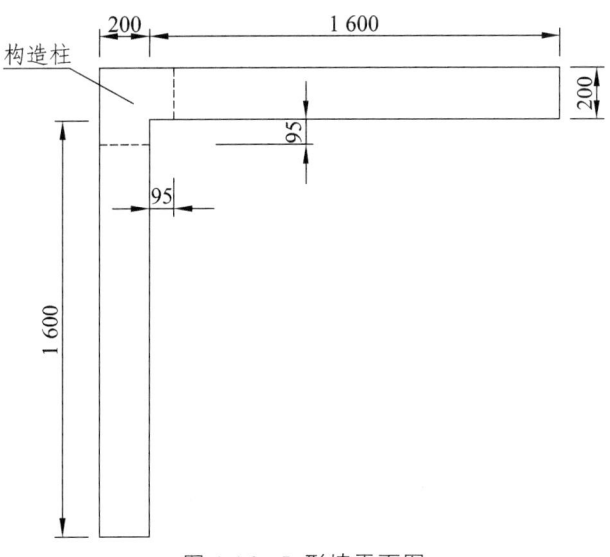

图1.16 L形墙平面图

技术参数：

（1）墙高为 1 200 mm。

（2）底部 3 皮砖用页岩普通砖（200 mm × 95 mm × 53 mm）通砌。

（3）墙的 2 个端头均用页岩普通砖配砌成直墙。

（4）构造柱的马牙槎用页岩普通砖组砌，尺寸如图 1.17 所示。

（5）构造柱配筋及拉结筋设置略（无需绑扎安放钢筋）。

实训场景及内容展示如图 1.18 ~ 图 1.21：

图 1.17　转角马牙槎示范图

图 1.18　正面示范图

图 1.19　学生操作场景

图 1.20 学生在摆砖样

图 1.21 学生在砌墙

2. 任务准备

1）技术准备

（1）熟悉审查设计图纸，编制砖墙砌体专项工程施工方案，编制材料、机具、劳动力需用量计划。

（2）对进场材料进行见证取样复试工作。

（3）委托沙浆配合比设计。

（4）编写技术、质量、安全书面交底，并组织有关人员进行交底。

（5）抄平放线，并办理技术复核。

2）材料计划

砖墙（一）任务所需材料计划（以每工位计）见表 1.14。

表 1.14 砖墙（一）材料计划

材料名称	规格型号	数量	备注
页岩空心砖	200 mm×190 mm×115 mm	150 皮	
页岩普通砖	200 mm×95 mm×53 mm	250 皮	
水泥沙浆	掺塑化剂的 M2.5 水泥沙浆	0.25 m^3	

3）砌筑工具与安全防护用品

砌筑所用工具及安全防护用品见表 1.15。

表 1.15 砖墙砌筑工具与安全防护用品

工具名称	数量	备注
墨斗	1 个	
砖刀	2 把	
线锤	2 个	

续表

工具名称	数量	备注
皮数杆	2个	
灰桶	2个	
钢卷尺	1个	
小扫把	1把	
铁铲	1把	
安全帽	2顶	
手套	2副	

4）检测工具

砌筑成品检测工具见表1.16。

表1.16 砌筑成品检测工具

工具名称	数量	备注
2 m托线板	1个	
2 m靠尺和楔形塞尺	1套	
钢卷尺	1个	
活动角尺	1把	

现场部分检测如图1.22~图1.24所示。

图1.22 垂直度检测

图1.23 高度检测

图1.24 平整度检测

3. 操作流程

抄平放线→选砖→摆砖样→立皮数杆→盘角、挂线→砌筑→勾缝→清理结束。

请扫码观看操作视频。

砖墙砌筑

抄平放线：砌筑前，底层用水泥沙浆找平，再定出墙身轴线、边线。

选砖：表面方整、光滑、不弯曲、不缺棱角。

摆砖样：在弹好线的基础面上，按选定的组砌方法，用干砖块试摆，以使门窗洞口和墙垛等处的砖符合模数，满足上下错缝要求。借助灰缝的调整，使墙面竖缝宽度均匀，尽量减少砍砖，见图1.25。

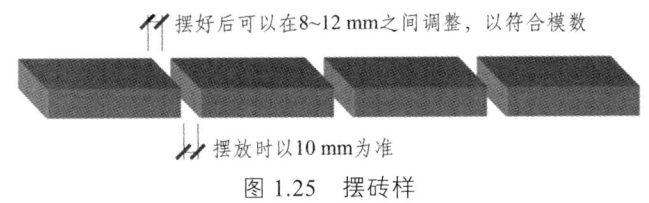

图1.25 摆砖样

立皮数杆：在其上画有每皮砖和砖缝厚度，以及门窗洞口、过梁、楼板、梁底、预埋件等标高位置的一种木制标杆。将其立于房屋的四大角、内外墙交接处、楼梯间以及洞口多的地方，一般隔10～15 m立一根；其标志±0.000处应与地面或楼面相对±0.000处相吻合，用来控制砌体竖向尺寸，同时可以保证砌体垂直度，见图1.26。

（5）盘角、挂线：即在房屋的转角、大角处砌好墙角。每次盘角高度不得超过五皮砖，并用线锤检查垂直度，同时要检查其与皮数杆的相符情况，见图1.27。

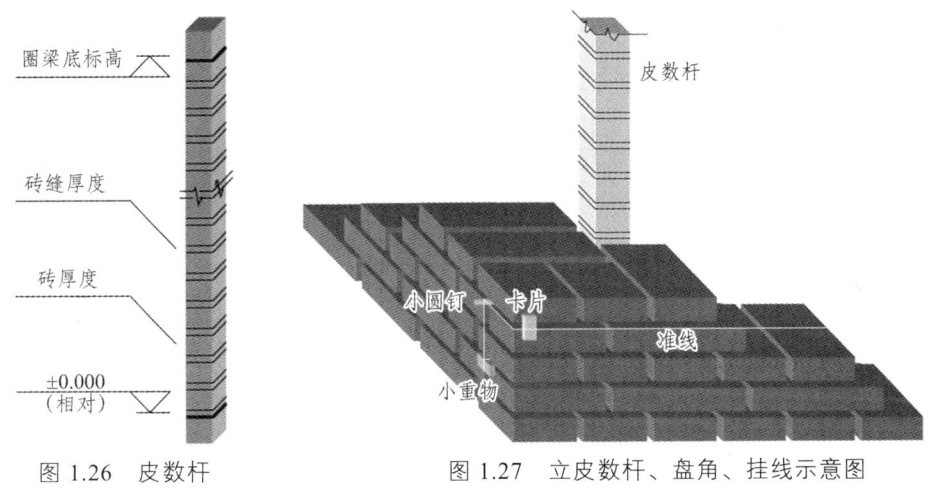

图1.26 皮数杆　　　图1.27 立皮数杆、盘角、挂线示意图

（6）砌筑："三一"砌砖法或铺灰法。

（7）勾缝：保护墙面并增加墙面美观，有平缝、斜缝、凹缝等。

（8）清理：墙面和地面清理干净。

4. 质量要求及验收标准

1）基本要求

操作步骤规范、砌筑形式规范、空心砖与普通砖搭配砌筑合理、排砖准确、构造合理，留槎形式符合规范规定；成品质量横平竖直、灰浆饱满、上下错缝、接槎可靠。

2）验收标准

各类砌体的质量均分为合格与不合格两个等级。各类砌体的质量合格均应达到以下规定：

（1）主控项目应全部符合规定。

（2）一般项目应有 80% 及以上的抽检处符合规定；有允许偏差的项目，最大偏差值为允许偏值的 1.5 倍。

达不到上述规定，则为质量不合格。具体按现行国家标准《砌体工程施工质量验收规范》GB 50203 执行。

5. 学生工作单、砖墙（一）砌筑验收表

表 1.17 砖墙（一）学生工作单

学生工作单——砖墙（一）砌筑					
实训项目	砌筑砖墙（一）	实训时间		实训地点	
姓名		班级		指导教师		成绩	
知识要点			评分权重30%		得分：
1. 砖墙组砌方式有哪些？						
2. 砌筑方法有哪些？什么是"三一"砌筑法？						
3. 砌筑沙浆的技术要求？						
4. 什么是三皮一吊、五皮一靠？						
5. 质量验收标准及检验方法						
操作要点			评分权重50%		得分：
1. 砖墙砌筑材料用量计划及准备？						
2. 工艺流程是什么？						
3. 如何控制垂直度？						
4. 如何控制灰缝厚度？						
5. 马牙槎尺寸及进退要求？						
实训的收获、遇到的问题及处理的方法、有何可以改进的地方？			评分权重20%		得分：

表 1.18 砖墙（一）砌筑验收表

工位号：　　　　　　　　　组长：　　　　　　　　　日期：

序号	检查项目	检查标准允许误差	评 分 标 准	检查方法	标准分值	检查点数 1	2	3	4	5	实测得分
1	选砖		选用的砖应边角整齐、颜色均匀、规格一致，无挠曲、裂缝，整砖。选错一项扣2分	查看	5						
2	工艺操作规范		组砌方法不对不得分；组砌方法不正确，返工一次扣6分，返工二次不得分	查看	15						
3	无齐缝		1处超过二皮扣4分，三皮及以上不得分	查看	8						
4	轴线位移	10 mm	超过10 mm每处扣2分，两处以上或一处超过20 mm不得分	拉线和尺量	6						
5	墙面垂直度	5 mm	超过5 mm每处扣3分，两处以上超过5 mm或一处超过10 mm不得分	用2 m托线板、吊线和尺量检查	10						
6	墙面平整度	8 mm	超过8 mm每处扣3分，两处以上超过8 mm或一处超过10 mm不得分	用2 m靠尺和楔形塞尺检查	10						
7	水平灰缝平直度	10 mm	12 mm以内10 mm以上，每处扣3分。两处以上小于10 mm或在12 mm~15 mm之间，或一处超过15 mm者不得分	拉线和尺量检查	8						
8	水平灰缝厚度（5皮空心砖砌体高度折算）	8~12 mm	小于8 mm或大于12 mm每处扣2分；一处小于5 mm或大于15 mm不得分	与皮数杆比较用尺检查	8						
9	垂直灰缝		有透明缝、瞎缝、假缝每处扣2分	查看	6						
10	马牙槎留置		形状不规范者不得分，进退错误者不得分	查看	6						
11	墙端头与构造柱马牙槎砖的配砌		配砌错误每处扣2分，有2处以上错误不得分	查看	6						
12	安全与文明施工		工完场地不清不得分，有事故发生、墙面不清洁、站错位者、无防护措施者均不得分	查看	6						
13	工效		在规定时间内低于规定砌筑高度不得分	查看	6						
			总　分		100						
组员签名											

◆ 实训项目二 砖墙（二）砌筑

1. 实训任务

砌筑如图 1.28 所示的墙体，高度 1.2 m。墙身有一洞口，洞口过梁为砖砌平拱；构造柱与墙体连接处砌成马牙槎，如图 1.29，拉接筋采用 $\phi6$ 钢筋。

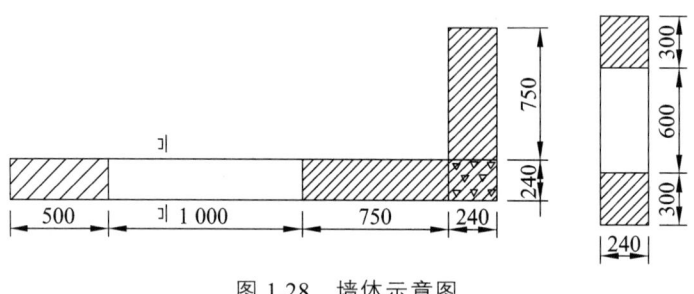

图 1.28 墙体示意图

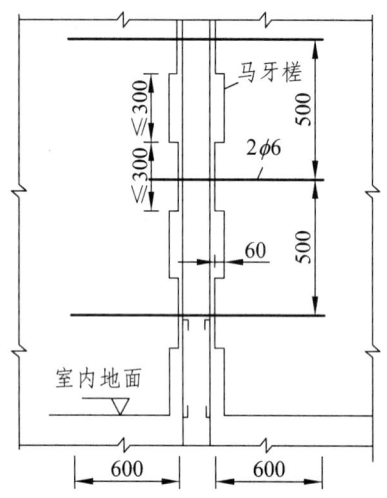

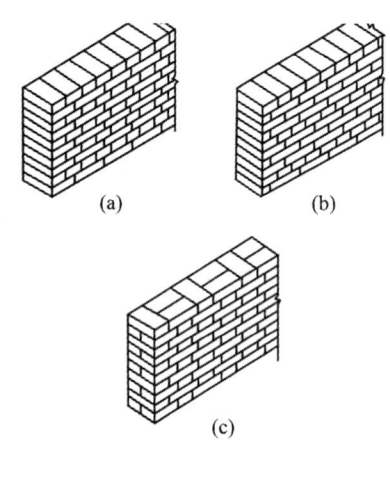

图 1.29 构造柱马牙槎的砌筑要求　　　　图 1.30 砖墙组砌方式

建议采用一顺一丁砌式。一顺一丁砌法是一皮中全部顺砖与一皮中全部丁砖相互间隔砌成，上下皮间的竖缝相互错开 1/4 砖长，如图 1.30（a）所示。

操作方法采用"三一"砌砖法，即一铲灰、一皮砖、一揉挤的砌砖方法。

（1）操作步骤：铲灰取砖→大铲铺灰→摆砖揉挤。

（2）砌砖动作：铲灰→取砖→转身→铺灰→摆砖揉挤→将余灰甩入竖缝，如图 1.31 所示。

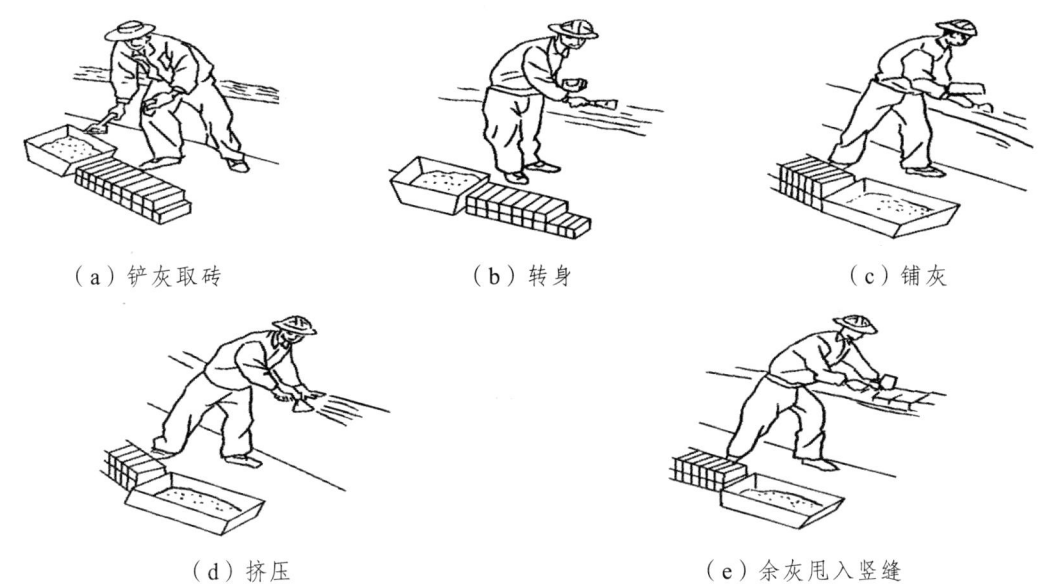

(a) 铲灰取砖　　　　　(b) 转身　　　　　(c) 铺灰

(d) 挤压　　　　　(e) 余灰甩入竖缝

图1.31 "三一"砌砖法

① 砌墙时,放砖必须水平,防止砖面倾斜,影响强度。
② 选砖:砌清水墙时把表面方整、光滑、不弯曲、不缺棱角的砖放在外面。
③ 砌砖必须沿准线走,俗话说:"上跟线、下跟楞,左右相跟要对平。"
④ 在砌砖过程中进行三层用线锤吊大角直不直,五层用靠尺靠一靠墙面是否平整,即"三吊五靠"。

总的要求:"横平竖直、注意选砖、灰缝均匀、沙浆饱满、上下错缝、咬口严密、上跟线、下跟线、不游丁、不走缝。"

2. 任务准备

(1) 材料计划见表1.19。

表1.19 砖墙(二)砌筑材料计划

材料名称	规格型号	数量	备注
烧结普通黏土砖	240 mm×115 mm×53 mm	150皮	
混合沙浆	M5混合沙浆	0.25 m³	

(2) 砌筑工具及安全防护用品:铁铲、手推车、皮数杆、工程线、墨斗盒、靠尺、水平仪、瓦刀等。详见表1.15、表1.16。

3. 操作流程

(1) 各组独立编制施工方案,具体内容包括:工具的选择;材料数量的确定;施工工艺及技术措施;砌筑进度安排;安全措施。

（2）砌筑工艺：备料、工具准备、放线、找平基层、排砖、砌大角、挂线、砌墙、砌马牙槎、放置拉接筋、留洞口、砌过梁、质量检查与验收。

4. 质量要求及验收标准

1）基本要求

操作步骤规范、砌筑形式规范、空心砖与普通砖搭配砌筑合理、排砖准确、构造合理，留槎形式符合规范规定；成品质量横平竖直、灰浆饱满、上下错缝、接槎可靠。

2）验收标准

各类砌体的质量均分为合格与不合格两个等级。

各类砌体的质量合格均应达到以下规定：

（1）主控项目应全部符合规定。

（2）一般项目应有 80% 及以上的抽检处符合规定；有允许偏差的项目，最大偏差值为允许偏值的 1.5 倍。达不到上述规定，则为质量不合格。具体按现行国家标准《砌体工程施工质量验收规范》（GB50203）执行。

5. 学生工作单、砖墙（二）验收表

表1.20 砖墙（二）学生工作单

学生工作单——砖墙（二）砌筑						
实训项目	砌筑砖墙（二）	实训时间		实训地点		
姓名		班级		指导教师		成绩
知识要点				评分权重30%		得分：
1. 什么是马牙槎？						
2. 墙面上有洞口时，洞口周围在砌筑时需要注意哪些问题？						
3. 什么是"三吊五靠"？						
4. 质量验收标准及检验方法						
操作要点				评分权重50%		得分：
1. 砖墙砌筑材料用量计划及准备？						
2. 工艺流程是什么？						
3. 如何控制垂直度？						
4. 如何控制灰缝厚度？						
5. 马牙槎尺寸及进退要求？						
实训的收获、遇到的问题及处理的方法、有何可以改进的地方？				评分权重20%		得分：

表 1.21 砖墙（二）砌筑验收表

工位号：　　　　　　　组长：　　　　　　　日期：

序号	测定项目	检查标准允许偏差	评分标准	检查方法	标准分	检测点数					得分
						1	2	3	4	5	
1	选砖		选用的转应边角整齐、规格一致、切割正确，选错、加工错误每处扣3分	查看	5						
2	工艺操作规范		组砌方法不正确，无分；组砌方法不正确，返工一次扣5分，返工二次无分	查看	10						
3	错缝	无通缝	超过二皮者扣5分，四皮以上者无分	查看	10						
4	轴线偏移	10 mm	一处超过10 mm者扣2分，两处以上超过10 mm或一处超过20 mm无分	尺量	5						
5	墙面垂直度	5 mm	超过5 mm者扣3分，两处以上超过5 mm或一处超过8 mm者无分	检测器和塞尺	10						
6	墙面平整度	8 mm	超过8 mm每处扣1分，三处以上超过8 mm或一处超过15 mm者无分	检测器和塞尺	10						
7	水平灰缝平直度	10 mm	超过10 mm每处扣1分，三处以上超过10 mm或一处超过20 mm以上无分	拉线和尺	10						
8	水平灰缝厚度	8 m	10皮砖累计超过8 mm者每处扣1分，三处以上超过8 mm或一处超过15 mm者无分	皮数杆及尺检查	10						
9	构造柱截面	10 mm	超过10 mm者每处扣1分，三处以上超过10 mm或马牙槎错无分	用尺检查	10						
10	沙浆饱满度	80%	小于80%每处扣1分，三处以上小于80%者无分	百格网	5						
11	工具使用维护		自带工具不齐全扣3分，施工后不进行清理、维护扣2分	查看	5						
12	安全文明施工		施工完，现场不清无分，有事故不得分，无安全防护措施无分	查看	5						
13	工效		低于规定的砌筑高度一皮砖扣1分，低于规定的砌筑高度二皮砖扣2分，由此类推	用尺检查	5						
			总分		100						
	组员										

◆ 实训项目三　砖基础砌筑

砖基础的上部为基础墙，下部为大放脚，大放脚下面为基础垫层。当设计无规定时，大放脚及基础墙一般采用"一顺一丁"的组砌方式。

大放脚有等高或和间隔式。等高式大放脚是每砌两皮砖，两边各收进 1/4 砖长（60 mm）；间隔式大放脚是每砌两皮砖及一皮砖，轮流两边各收进 1/4 砖长（60 mm），最下面应为两皮砖。如图 1.32 所示。

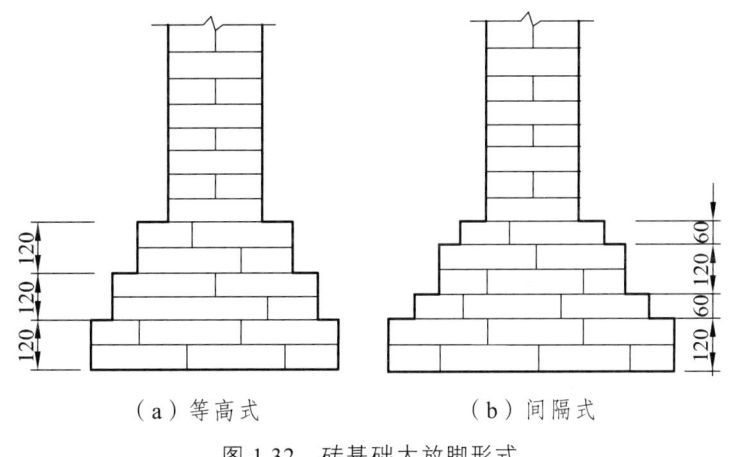

（a）等高式　　　　　（b）间隔式

图 1.32　砖基础大放脚形式

砖基础的转角处、交接处，为错缝需要应加砌配砖（3/4 砖、半砖或 1/4 砖）。砖基础的水平灰缝厚度和垂直灰缝宽度宜为 10 mm。水平灰缝的沙浆饱满度不得小于 80 mm。常见的砖基础有一砖墙身六皮三收等高式放大脚、一砖墙身六皮四收间隔式放大脚。

1. 实训任务及操作要点

砌筑任务：砌筑带转角的一砖墙身六皮三收等高式放大脚或一砖墙身六皮四收间隔式大放脚，高 1 m，基础每边长 1 m 左右。操作要点如下：

（1）一砖墙身六皮三收等高式放大脚：共 3 个台阶，每个台阶的宽度为 1/4 砖长（60 mm），基底宽度为 600 mm，考虑竖缝后实际应为 615 mm（两砖半宽）。如图 1.33 所示。

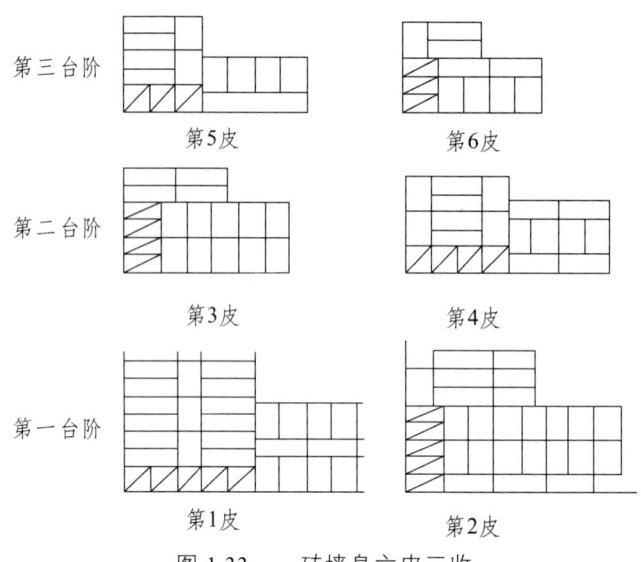

图 1.33　一砖墙身六皮三收

（2）一砖墙身六皮四收放大脚。

基底宽度为 720 mm，考虑竖缝后实际应为 720 mm。如图 1.34 所示。

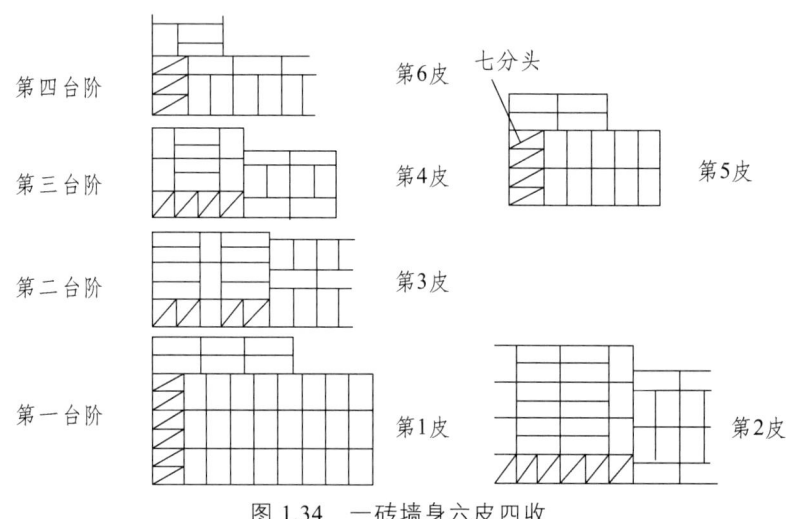

图 1.34　一砖墙身六皮四收

2. 任务准备

砖基础砌筑材料计划见表 1.22。

表 1.22　砖基础砌筑材料计划

材料名称	规格型号	数量	备注
烧结普通粘土砖	240×115×53 mm	150 匹	
混合沙浆	M5 混合沙浆	0.25 m³	
其他材料	拉结筋、预埋件、防水粉		

（2）砌筑工具及安全防护用品详见表1.15、表1.16。

3. 操作流程

拌制沙浆→确定组砌方法→排砖撂底→砌筑→抹防潮层。

（1）拌制沙浆：沙浆配合比应采用重量比，并由试验室确定，宜用机械搅拌。沙浆应随拌随用，一般水泥沙浆和水泥混合沙浆须在拌成后3 h和4 h内使用完，不允许使用过夜沙浆。

（2）确定组砌方法：内外接茬，上下层错缝，采用"三一"砌砖法（即一铲灰，一块砖，一挤揉），严禁用水冲沙浆灌缝的方法。

（3）排砖撂底：基础大放脚的撂底尺寸及收退方法必须符合规定要求。

（4）砌筑：砖基础砌筑前，基础垫层表面应清扫干净，洒水湿润。先盘墙角，每次盘角高度不应超过五层砖，随盘随靠平、吊直。砌基础墙应挂线，24墙反手挂线，37以上墙应双面挂线。基础大放脚砌至基础上部时，要拉线检查轴线及边线，保证基础墙身位置正确。同时还要对照皮数杆的砖层及标高，如有偏差时，应在水平灰缝中逐渐调整，使墙的层数与皮数杆一致。各种预留洞、埋件、拉结筋按设计要求留置，避免后续剔凿，影响砌体质量。

（5）抹防潮层：将墙顶活动砖重新砌好，清扫干净，浇水湿润，随即抹防水沙浆，设计无规定时，一般厚度为15~20 mm，防水粉掺量为水泥重量的3%~5%。

4. 质量要求及验收标准

（1）主控项目应全部符合规定；

（2）一般项目应有80%及以上的抽检处符合规定；有允许偏差的项目，最大偏差值为允许偏值的1.5倍。达不到上述规定，则为质量不合格。具体按现行国家标准《砌体工程施工质量验收规范》（GB50203）执行。

（3）砖基础大放脚应错缝，利用断砖填心时，应分散填放在受力较小的部位。

（4）预留孔洞位置应准确，不得事后开槽。

（5）基础灰缝必须密实，以防地下水的侵入。

（6）各皮砖与皮数杆保持一致，偏差不得大于±10 mm。

5. 学生工作单、砖基础砌筑验收表

表1.23 砖基础学生工作单

学生工作单——砖基础砌筑					
实训项目	砌筑砖基础	实训时间		实训地点	
姓名		班级		指导教师	成绩
知识要点			评分权重30%	得分:	
1. 砖基础的构造						
2. 等高式和间隔式砌法						
3. 质量验收标准及检验方法						
4. 防潮层做法						
操作要点			评分权重50%	得分:	
1. 砖基础砌筑材料用量计划及准备？						
2. 一砖墙六皮四收每皮砖的砌法？						
3. 一砖墙六皮三收每皮砖的砌法？						
4. 如何控制垂直度？						
5. 如何控制灰缝厚度？						
实训的收获、遇到的问题及处的理方法、有何可以改进的地方？			评分权重20%	得分:	

表 1.24 砖基础砌筑验收表

工位号：　　　　　　　　　组长：　　　　　　　　　日期：

序号	检验内容		要求及允许偏差	检验方法	验收记录	分值	得分
1	工作程序		按标准程序	巡查		10	
2	基础顶面标高		±15 mm	水平仪、尺量		10	
3	表面平整度		清水墙——5 mm 混水墙——8 mm	靠尺、楔形尺		10	
4	大放脚规格		按相应规格收退	观察、尺量		10	
5	组砌方法		上下错缝、内外搭砌	观察、尺量		10	
6	水平灰缝沙浆饱满度		80%	百格网		10	
7	水平灰缝	厚度	8～12 mm	量10皮砖砌体高度折算		5	
		平直度	10 mm	用10 m拉线和尺检查		5	
8	安全文明施工		无安全事故、无危险动作、工具完好、场地整洁	巡查		10	
9	施工进度		按时完成	巡查		10	
10	团队精神		人人参与、分工协作	巡查		10	
			总　分			100	

组员签名	

单元 2　抹灰工实训

将抹面沙浆涂抹在基底材料的表面，兼有保护基层和增加美观作用，也为建筑物提供特殊功能，这个施工过程称为抹灰工程。抹灰工程主要有两大功能，一是防护功能，保护墙体不受风、雨、雪的侵蚀，增加墙面防潮、防风化、隔热的能力，提高墙身的耐久性能、热工性能；二是美化功能，改善室内卫生条件，净化空气，美化环境，提高居住舒适度。

一般抹灰在各类建筑中应用非常广泛，通过本工种技能操作训练，学生能掌握一般抹灰的操作技能及技术要求，具有对抹灰工种的技术质量监督和组织管理能力，获得一定的生产技能和施工方面的实际知识，提高动手能力，巩固和加深对所学专业理论知识的理解和认识，为毕业顶岗实习及今后工作打下必要的基础。

◆ 实训准备及注意事项

1. 抹灰工具

常见的抹灰工具如表 2.1 和图 2.1 所示。

表 2.1　常用抹灰工具

序号	抹灰工具	用途	备注
1	铁抹子	用于抹底子灰及各种抹灰的压光	有方头和圆头两种
2	木抹子	用于沙浆表面搓平和压实底子灰沙浆	有圆头和方头两种
3	塑料抹子	压光纤维灰浆罩面层	有圆头和方头两种，用聚乙烯硬质塑料制成
4	阴角抹子	墙体、构件阴角抹灰压光	
5	阳角抹子	墙体、构件阳角抹灰压光	有小圆角和尖角两种
6	刮尺	冲筋，抹灰刮平	
7	灰铲	拌制沙浆	
8	灰盆	存放沙浆	
9	灰桶	盛水或沙浆	
10	线锤	吊垂直基准线	
11	塞尺	测定抹灰垂直度平整度	
12	靠尺	同塞尺配合使用	
13	卷尺	量测墙体、构件尺寸	
14	托灰板	抹灰时承托沙浆	
15	准线	挂线	

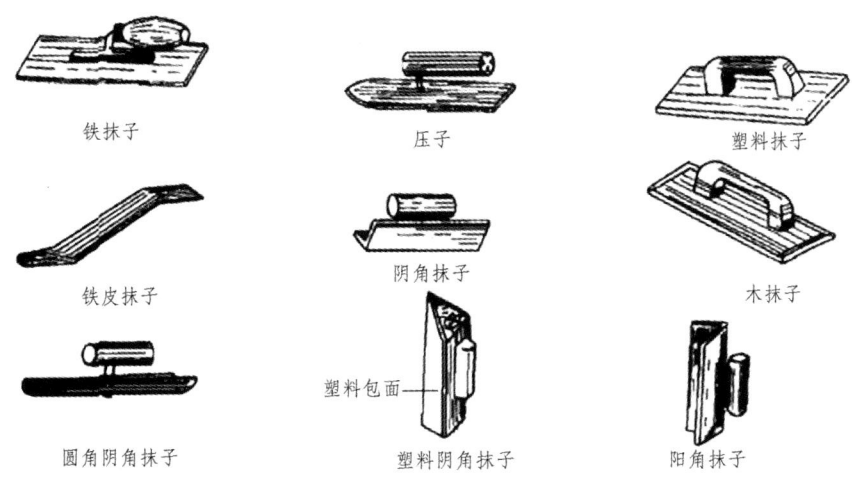

图 2.1　抹灰常见工具

2. 抹灰材料

1）抹灰沙浆种类

一般抹灰所使用的材料有水泥沙浆、石灰沙浆、水泥石灰混合沙浆、石灰膏、纸筋石灰沙浆、麻刀石灰沙浆、粉刷石膏、聚合物沙浆等，具体分类与使用范围如表2.2所示。

表 2.2　沙浆分类及使用范围

名称	构成	特性及使用部位
水泥沙浆	以水泥作为胶凝材料，配以建筑用沙（视需要加入外加剂）	一般用于外墙面、勒脚、屋檐，以及有防水防潮要求或强度要求高的部位。水泥沙浆不得涂抹在石灰沙浆层上
石灰沙浆	以熟石灰作为胶凝材料，配以建筑用沙（视需要加入外加剂）	一般用于室内墙面、顶棚等无防水、防潮要求的中层或面层抹灰
水泥石灰混合沙浆	以水泥、熟石灰作为胶凝材料，配以建筑用沙（视需要加入外加剂）	一般用于室内墙面、顶棚等无防水、防潮要求的底层或中层或面层抹灰
石灰膏	在生石灰中加过量的水（一般为石灰质量的2.5～3倍）所得到的浆体经沉淀并除去表层多余水分后的膏状物	一般用于无防水、防潮要求的室内面层抹灰
纸筋石灰沙浆	掺入纸筋的石灰膏	一般用于无防水、防潮要求的室内中层或面层抹灰
麻刀石灰沙浆	掺入麻刀的石灰膏	一般用于无防水、防潮要求的室内中层或面层抹灰，粗麻刀石灰用于垫层抹灰，细麻刀石灰用于面层抹灰
粉刷石膏	以石膏作为胶凝材料，配以建筑用沙，保温集料及多种添加剂制成的抹灰材料	和易性好、黏结力强、硬化快，一般用于顶棚抹灰，适合端面薄层找平
聚合物沙浆	在建筑沙浆中添加聚合物胶黏剂，使沙浆性能得到很大改善的新型建筑材料。聚合物的种类和掺量决定了聚合物沙浆的性能	聚合物胶黏剂与沙浆中的水泥或石膏等无机黏结材料组合在一起，大大提高了沙浆与基层的黏结强度、沙浆的可变形性、沙浆的内聚强度等性能

2）抹灰沙浆主要技术性能

抹灰沙浆的主要技术性能包括新拌沙浆的和易性、与基体的黏结性和硬化后的变形性等。

（1）和易性。

新拌沙浆的和易性，是指在搅拌、运输和施工过程中不易产生分层、析水现象，并且易于在粗糙的砖、砌块、混凝土、轻体隔墙等表面上铺成均匀的薄层的综合性能。通常用流动性和保水性两项指标表示。

影响沙浆流动性的主要因素有：

① 胶凝材料及掺加料的品种和用量；

② 沙的粗细程度，形状及级配；

③ 用水量；

④ 外加剂品种与掺量；

⑤ 搅拌时间等。

沙浆流动性的选择与基底材料种类、施工条件以及天气情况等有关。对于基体为多孔吸水的材料和干热的天气，则要求沙浆的流动性大一些；相反，对于基体为密实、不吸水的材料和湿冷的天气，要求沙浆的流动性小一些。

（2）黏结性。

一般沙浆抗压强度越高，则其与基材的黏结强度越高。此外，沙浆的黏结强度与基层材料的表面状态、清洁程度、湿润状况以及施工养护等条件有很大关系。同时还与沙浆的胶凝材料种类有很大关系，加入聚合物可使沙浆的黏结性大为提高。沙浆的黏结强度用拉拔强度表示。

（3）变形性。

沙浆在承受荷载或在温度变化时，会产生收缩等变形。如果变形过大或不均匀，容易使面层产生裂纹或剥离等质量问题。因此，要求沙浆具有较小的变形性。

3）材料配置及质量要求

（1）材料配置：材料品种，比例是根据设计要求。施工时应按比例进行有序的拌合。

（2）材料质量要求：主要是指稠度等符合设计要求，比例要准确。

3. 抹灰操作技术要求

1）抹灰分层作用要求

为了保证抹灰层表面平整、避免裂缝，抹灰应分层操作，一般由底层、中层和面层三部分组成。

底层：主要作用是使抹灰层与基层黏结牢固。如果底层黏结得不好，中层和面层搞得再好，也会使抹灰层与基层分离剥落。

中层：主要的作用是找平，也使抹灰层之间粘贴牢固。在施工中，有时根据质量要求，中层抹灰可与底层抹灰一起进行，所用的材料与底层相同，应符合每遍厚度要求，并且底层的抹灰层强度不得低于中层及面层的抹灰层强度。

面层：主要的作用是装饰。对面层的要求是：平整、无裂痕、颜色均匀，并应与其他抹灰层之间黏结牢固。

2）抹灰分级质量与施工要求

抹灰分为普通抹灰和高级抹灰两个等级。

普通抹灰表面质量应光滑、洁净、结槎平整、分格缝清晰。为此施工要求"三遍成活"，即"一底层、一中层、一面层"。施工工艺上达到阳角找方，设置标筋，分层赶平、修整，表面压光。

高级抹灰表面质量应光滑、洁净、颜色均匀、无抹纹。分格缝和灰线应清晰美观。为此施工方法要求"多遍成活"，即"一底层，数中层，一面层"。施工工艺上达到阴阳角找方，设置标筋，分层赶平、修整，表面压光。

3）抹灰层平均厚度与分层厚度要求

（1）抹灰层平均总厚度。

顶棚抹灰：板条、现浇混凝土——15 mm；预制混凝土——18 mm；金属网——20 mm。

内墙抹灰：普通抹灰——20 mm；高级抹灰——25 mm。

外墙抹灰：砖墙面——20 mm，勒脚及突出墙面部分——25 mm，石材墙面——35 mm。

国家标准规定：当抹灰总厚度大于或等于 35 mm 时，应采取加强措施。不同材料基体交接处表面的抹灰，应采取防止开裂的加强措施，当采用加强网时，加强网与各基体的搭接宽度不应小于 100 mm。

（2）抹灰层分层厚度。

一般要求：水泥沙浆每遍厚度为 5~7 mm。石灰沙浆及混合沙浆每遍厚度为 7~9 mm。面层抹灰按赶平压实后的平均厚度，一般为 2~3 mm。

4）抹灰工程关键质量控制点

（1）冬期施工沙浆温度最低不低于 5 ℃，环境温度不应低于 5 ℃。沙浆抹灰层硬化初期不得受冻。

（2）抹灰前基层处理，必须经验收合格，并填写隐蔽工程验收记录。

（3）不同材料基体交接处表面的抹灰，应采取防止开裂的加强措施，当采用加强网时，加强网与各基体的搭接宽度不应小于 100 mm。

（4）抹灰工程质量关键是保证黏结牢固，无开裂、空鼓和脱落，施工过程应注意：

① 抹灰基体表面应彻底清理干净，对于表面光滑的基体应进行毛化处理。

② 严格控制各层抹灰厚度。一般抹灰工程施工是分层进行的，以利于抹灰牢固、抹面平整和保证质量。如果一次抹得太厚，由于内外收水快慢不同，容易出现干裂、起鼓和脱落现象。

除上述以外，抹灰工程施工前应保证所有前置相关工程完成并经验收达到合格标准。

（1）砖墙表面的灰尘、污垢和油渍等应清理干净并洒水湿润。

（2）抹灰前，各种预埋件应提前安装完毕，复核管线、配电箱、插座、开关盒等外露设备出墙尺寸、标高、平直度，同时应清理粉尘，浇水润湿，并用沙浆填塞密实。

（3）抹灰前，检查基体表面平整度以决定抹灰厚度，抹灰前应在大角的两面、窗台两侧弹出抹灰的控制线，以作为打底依据。

（4）沙浆应拌制均匀，根据局基层选择合适的沙浆稠度，随拌随用。

4．实训注意事项

严格遵守实训各项安全管理规章制度。

（1）做好抹灰理论知识的学习准备。认识抹灰常用工具，检查原材料的质量是否符合规范要求。

（2）实训前，应根据实训项目内容对实训所用材料用量进行计算，避免浪费。

（3）实训过程中，注意安全，爱护工具，节约材料，避免环境污染。

（4）实训结束后，应将所有抹灰全部铲除，灰浆、沙子归类堆放，清扫现场，清洗工具，并放至原处。

5．抹灰工程技术交底

××项目砖墙抹灰工程施工技术交底如表2.3所示。

表 2.3 ××工程项目——抹灰施工技术交底记录

工程名称			
施工图号			

一、材料及使用部位

××项目质量安全技术中心抹灰分项工程中主要建筑材料及使用部位分布如下：

（1）基层为清水混凝土：玻璃纤维网格布、水泥钉、108胶。

抹灰部位：屋顶核心筒外墙及框架梁柱。

（2）基层为砖砌体：镀锌钢丝网、水泥钉。

抹灰部位：所有砖墙砌体。

二、原材料要求

1. 沙浆

（1）水泥：采用P32.5普通硅酸盐水泥。要求颜色一致，采用同一批号的产品。水泥有出厂合格证及性能检测报告。

（2）沙：采用中沙，拌制前过筛，筛除其中含有的草根等杂物，沙的含泥量不得超过5%，不得含有碱质或其他有机物。

（3）水：拌制用水采用工地施工生活饮用水。

2. 玻璃纤维网格布、镀锌钢丝网等均应通过验收合格。

三、主要机具

主要机具：沙浆搅拌机、大平铲、小平铲、筛子、手推车、大桶、灰槽、灰勺、2.5m大杠、2m靠尺板、线坠、钢卷尺、托灰板、铁抹子、木抹子、5~7mm方口靠尺、阴阳角抹子、长毛刷、钢丝刷、笤帚、胶皮水管、小白线、分格条、塑料刮板，以及专用阴、阳角靠尺等。

四、抹灰施工（基层为砖墙的墙体抹灰施工）

1. 作业条件

（1）前置相关工程完成并经验收达到合格标准。

（2）砖墙表面的灰尘、污垢和油渍等应清理干净并洒水湿润。

（3）复核管线、配电箱、插座、开关盒等外露设备出墙尺寸、标高、平直度，如不合格则整改至符合要求，因为它们的完成情况直接关系到抹灰成品观感质量。

（4）先将门、窗框包好或粘贴保护薄膜，防止污染。

（5）施工前搭好抹灰用脚手架，距离墙200~250mm，以便于施工操作。

（6）抹灰前应检查基体表面平整度以决定抹灰厚度，单层抹灰厚度不宜大于8mm，抹灰前应在大角的两面、窗台两侧弹出抹灰的控制线，作为打底依据。

（7）对配电箱、消防箱、线盒及线槽进行检查，抹灰前将上述部位四周灰缝塞实，具体为：首先清理干净粉尘，然后浇水润湿，最后用沙浆填塞密实。

（8）砌体与混凝土剪力墙或柱交接处、线槽、配电箱后面等处易于开裂、变形，故上述各处均应设置钢丝网，按照下图做法施工：

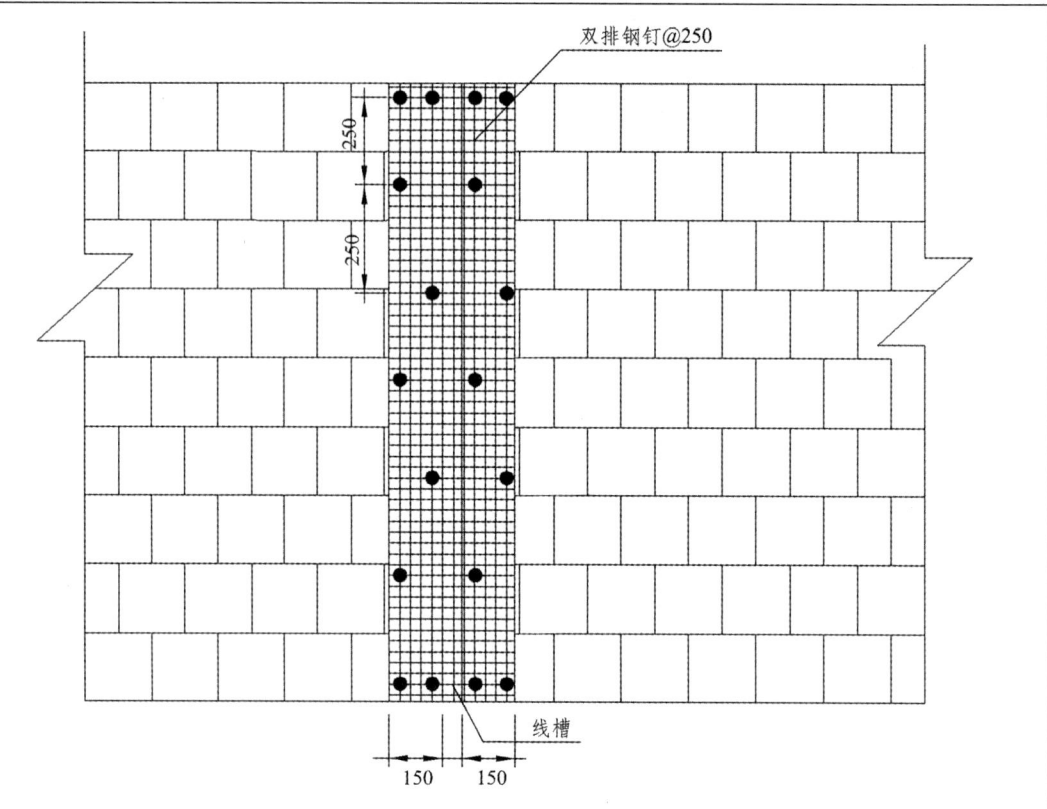

2. 施工工艺

工艺流程：

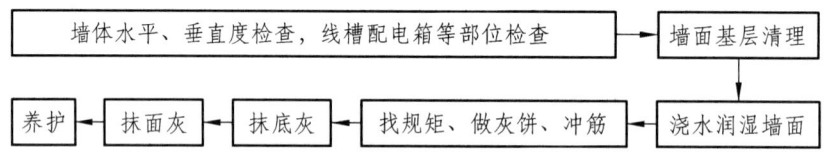

（1）基层处理：将基体上残留的污垢、灰尘等清理干净。

（2）洞口、线槽等部位的补灰，用掺加 UEA 的沙浆补平。

（3）抹灰高度：走廊抹至吊顶上 100 mm，即抹灰至梁下 600 mm；室内房间抹灰至吊顶上 100 mm，即抹至梁下 200 mm。所有墙体下留 250 mm 踢脚线高度。

（4）墙面浇水：墙面要求用喷雾器自上而下浇水润湿，要求润入墙体 20 mm，第一次浇水在抹灰前一天进行，第二次浇水在抹灰前 3 h 进行，注意抹灰时不要有明水。

（5）找规矩、做灰饼、冲筋：根据整个墙体（包括门窗口角、墙垛等处）的平整度与垂直度，在墙面上弹出抹灰层控制线，套方抹灰饼后，按灰饼冲筋。

① 找规矩：四角规方，横线找平，竖线吊直。房间内抹灰按照以下方法找规矩：对于走廊内的抹灰，要求施工队使用经纬仪测投测放线，定出抹灰厚度外边线及抹灰厚度外边线控制线，务必使每一条走廊抹灰后的净宽度保持一致。此处要求施工队高度重视。上述步骤完成后，可保证走廊处于规矩、方正的状态下，然后以走廊的这些线为基准，将这些线引进每一个房间中，使每个房间的抹灰均

按照此基准线控制。如下面的墙体 A，弹出其抹灰厚度线（此线以走廊引入的线为基准）。注意，要求人为地反复调节，使其控制抹灰厚度为 15～25 mm，然后在地面上弹出 100 mm 控制线 a，接着连续弹出 3 条垂线（见图第二、第三、第四步骤），最后弹出的线即为与墙 A 的相邻的墙体 B 的抹灰控制线 b（具体为多少毫米则视现场情况而定）。接着利用控制线 b 弹出墙 B 的抹灰厚度线，墙 B 的抹灰厚度应控制在 15～25 mm。图中第一、第二条垂线可作为柱子、消防箱等墙体的刮浆、抹灰控制线。以上处理可保证房间内抹灰规矩、方正。

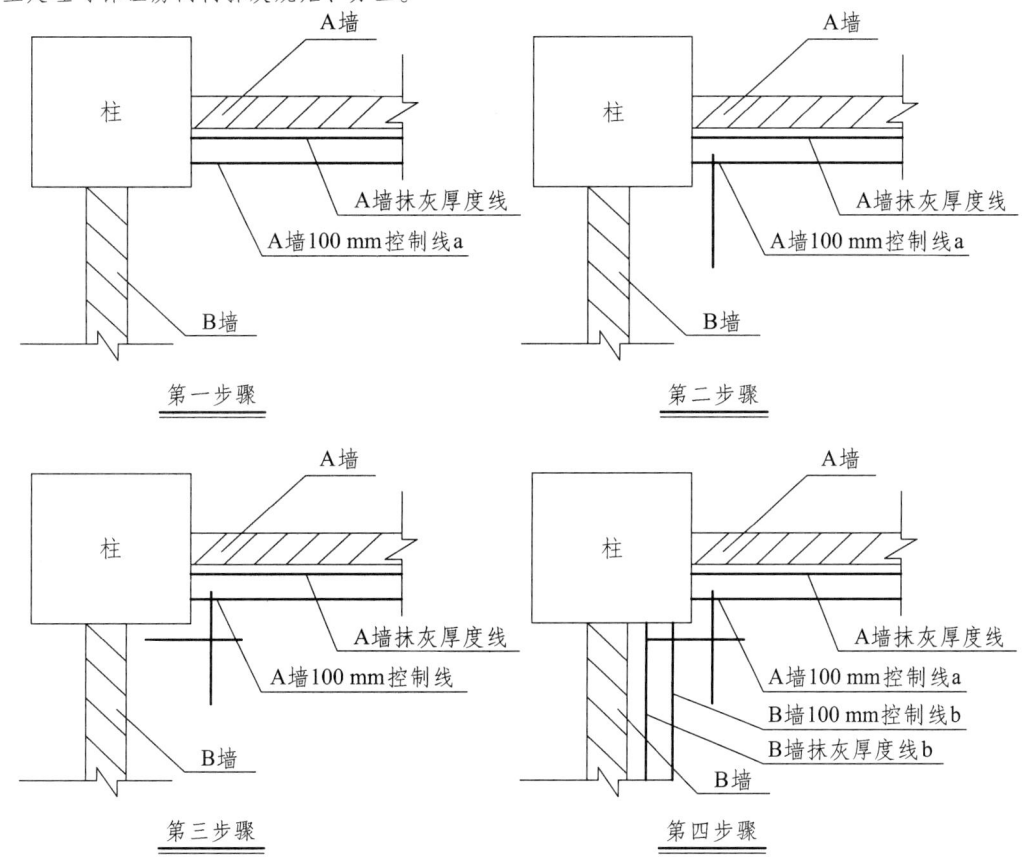

② 做灰饼：依据上述方法，根据实际情况并兼顾抹灰平均总厚度的原则确定墙体的抹灰总厚度（要求考虑到基层为清水混凝土的墙、柱刮浆厚度，使砖墙抹完灰的表面与剪力墙、柱刮完浆的表面平整一致）。按照上述确定的抹灰厚度在每面墙的两端墙面部位各做一标准灰饼（1∶1∶6 水泥混合沙浆），根据弹在地面上的抹灰厚度外边 100 mm 控制线，利用铅锤向上引测控制灰饼外表面，灰饼尺寸 50 mm ×50 mm，并在门、垛角处加做灰饼。然后以做好的灰饼面为标准，用线锤吊线做墙下角的灰饼，最后再补做中间灰饼。鉴于本工程墙体较长，要求沿墙长度方向以 1 500 mm 左右间距补做灰饼。所有灰饼做好后，水平方向用拉通线方法校核，竖向用靠尺检查。应保证抹灰面平整、垂直，阴、阳角成 90°。要经项目部检查合格后再进行冲筋施工。

③ 冲筋。

竖向冲筋：灰饼做好稍收水后，用 1∶1∶6 水泥混合沙浆在上、中、下灰饼间抹冲筋，宽度 50 mm，用木杠将冲筋厚度搓成与灰饼相平，同时用刮尺将其两边修成斜面以便与抹灰层楼樘平顺。

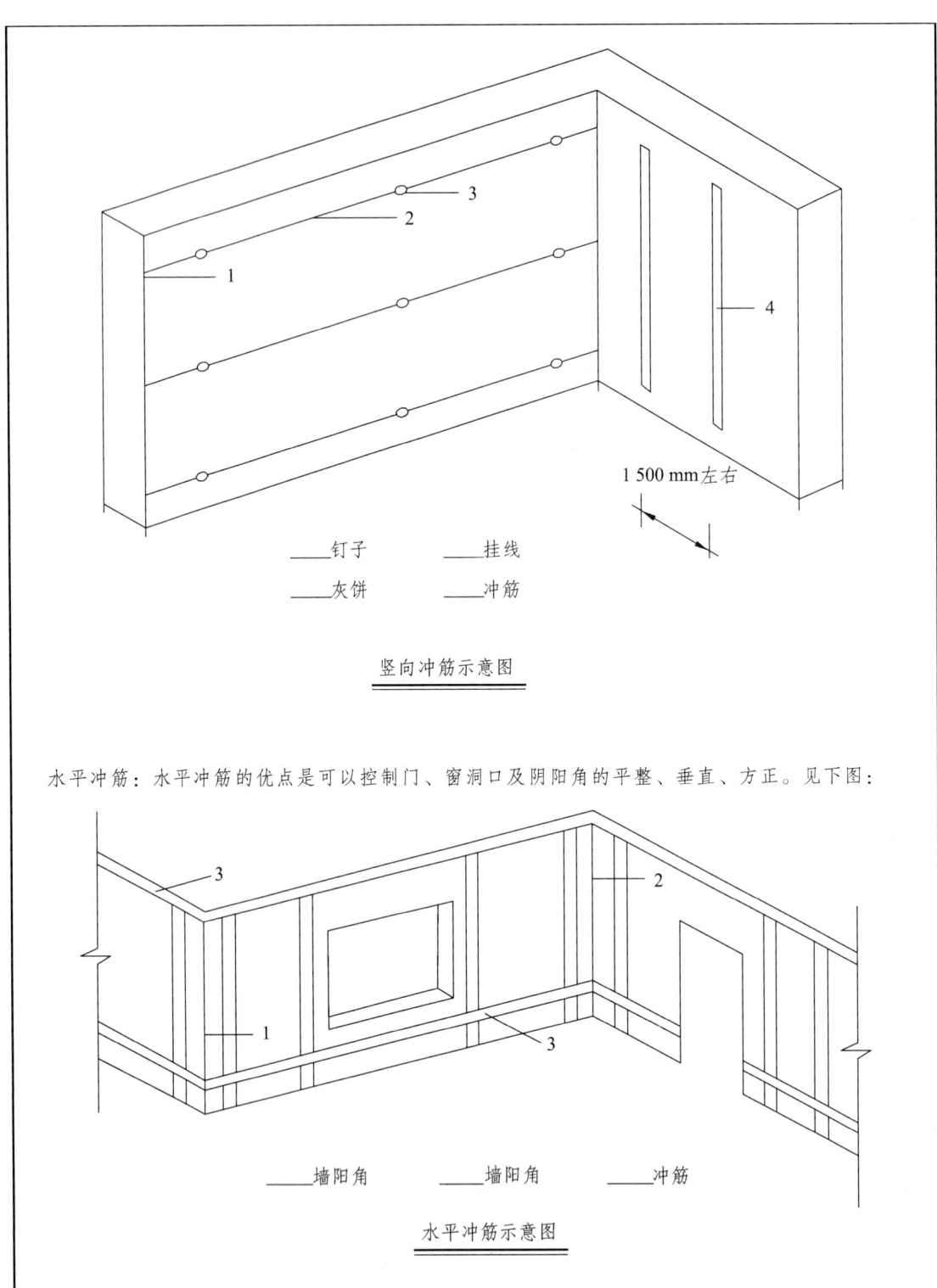

———钉子　　———挂线
———灰饼　　———冲筋

竖向冲筋示意图

水平冲筋：水平冲筋的优点是可以控制门、窗洞口及阴阳角的平整、垂直、方正。见下图：

———墙阳角　　———墙阳角　　———冲筋

水平冲筋示意图

（6）抹底层沙浆：冲筋稍干后进行墙面底层抹灰作业，在墙体湿润的情况下用 1∶1∶6 水泥混合沙浆进行底层抹灰，即刮糙。方法是将沙浆抹于墙面两冲筋之间，抹时先薄薄抹一层，不得漏抹，要用力压使沙浆挤入细小缝隙内接着分层装挡压实抹平，要低于标筋。再用大杠横竖刮平，木抹子搓毛，使之与面层灰更好地结合。然后全面进行质量检查，检查底子灰是否平整，阴阳角是否规方整洁，管道后、阴角交接处、墙顶板交接处是否光滑、平整，并用 2 m 长标尺检查墙体垂直和平整情况，墙的阴角用阴角器上下撤平。

（7）修抹墙面上预留孔洞、电器箱、槽：当底灰找平后，应立即派专人把消防箱、电器箱、线盒周边抹平齐、方正、光滑，抹灰时比墙面底灰或标筋高出一个罩面灰的厚度，确保槽、洞周边修整完好。

（8）抹面层沙浆：面层 1∶1∶4 水泥混合沙浆。待底层沙浆八成干后即可抹面层沙浆。面层抹灰要求 3 遍以上成活，控制灰厚度不大于 3 mm。施工时应两个人同时操作，一人薄刮一遍，另一个人随即抹平、压实，按照先上后下顺序进行，须严格保证平整。

（9）做水泥护角。室内墙面的阳角、柱面的阳角和门窗洞口的阳角，应用 1∶2 水泥沙浆打底与所抹灰饼找平，待沙浆稍干后，再用 108 胶素水泥膏抹成小圆角，其高度不低于 2 m，每侧宽度不小于 50 mm。门窗口护角做完后，应及时用清水刷洗门窗框上的水泥浆。

（10）养护：面层沙浆抹灰层抹完 24 h 后应用喷雾器喷水养护，每天不少于 3 次，养护时间不少于 7 d。

3. 质量标准

（1）材料的品种、质量必须符合设计要求，各抹灰层之间及抹灰层与基体之间必须黏结牢固，无脱层、空鼓，面层无爆灰和裂缝等缺陷。

（2）孔洞、槽、盒、管道后面抹灰，尺寸正确、方正、光滑，管道后面平整。

（3）允许偏差项目如下表所示。

	项　目	允许偏差/mm	检验方法
1	立面垂直	3	用 2 000 mm 脱线板和尺检查
2	表面平整	2	用 2 000 mm 靠尺和楔尺检查
3	阴阳角垂直	2	用专用阴、阳角量角器检查
4	阴阳角方正	2	用 200 mm 方尺和楔尺检查

4. 施工注意事项

（1）为了防止门窗框与墙壁交接处抹灰层出现空鼓、裂缝、脱落，要求抹灰前对基层彻底处理并浇水湿透，检查门窗框边塞是否密实；门窗框与墙的缝隙嵌塞，嵌塞前要求浇水湿润，采用水泥混合沙浆多遍嵌塞，沙浆的稠度不宜太稀，设专人处理。

（2）为了防止内墙面抹灰层空鼓、裂缝等严重影响施工质量的现象发生，应做到：

① 将基层表面污垢、隔离剂处理好，清理干净，并浇水湿透。

② 墙面脚手架孔和其他洞（配电箱、空调、消防箱、喷洒管等留洞需封堵处），在抹灰前填实、抹平。具体为将留洞清洗干净，浇水润湿，然后用干硬性沙浆塞实。

③ 基层抹灰前要先浇水，基层要浇水两遍以上。

④ 应分层抹灰赶平，每遍厚度不宜超过 8 mm。

⑤ 混合沙浆、水泥沙浆不能前后覆盖、交叉涂抹。

（3）要防止抹灰层起泡、有抹纹、开花等现象出现，要做到：

① 罩面灰抹完之后，灰层已具有一定的硬度，手压变形不大，灰层表层水分已收干（终凝前），再进行压实赶光。

② 淋制灰膏时按规定淋制，使过火颗粒未能充分熟化（否则上墙后遇水继续熟化，造成抹灰表面胀裂，出现开花、爆皮），因此石灰淋制时一定要在池中先浇一层水撒一层石灰，再浇一层水再撒一层石灰粉，如此反复。未达到熟化时间的石灰不得上墙。

③ 底灰过干应浇水湿润，再薄薄地刷一层纯水泥浆后进行抹面灰。

（4）抹灰前应认真挂线找方，按照规定和标准细致地做灰饼和冲筋（横向、竖向），以保证抹灰面平整及阴阳角垂直、方正。避免出现冲筋时间过长或过短，造成收缩量不同，出现高低不平、阴阳角不顺直、不方正的现象。抹灰前应用托线板、靠尺对抹灰墙面尺寸预测摸底，安排好阴阳角不同两个面的灰层厚度和方正，认真做好灰饼冲筋。阴阳角用方尺套方。做好墙面垂直、平整、阴阳角方正。

（5）面层无强度、表面不实是由于水泥早期脱水或使用过夜灰造成。

技术负责人：	交底人：	接收人：

6. 一般抹灰工程检验批验收记录示例

表 2.4 一般抹灰工程检验批质量验收记录

（GB50210—2018）表 4.2　　　　　　　　　　　　　编号：030201/010705□□□

工程名称				分项工程名称		项目经理	
施工单位				验收部位			
施工执行标准名称及编号						专业工长（施工员）	
分包单位				分包项目经理		施工班组长	
质 量 验 收 规 范 的 规 定				施工单位自检记录		监理（建设）单位验收记录	

				施工单位自检记录	监理（建设）单位验收记录
主控项目	1	基层处理	4.2.2		
	2	材料要求	4.2.3		
	3	加强措施	4.2.4		
	4	面层黏结要求	4.2.5		
一般项目	1	表面质量 普通抹灰	4.2.6（1）		
		表面质量 高级抹灰	4.2.6（2）		
	2	护角、孔洞、槽、盒周围的抹灰表面质量	4.2.7		
	3	抹灰层要求	4.2.8		
	4	分格缝设置	4.2.9		
	5	滴水线（槽）设置	4.2.10		
	6 允许偏差/mm	立面垂直度 高级抹灰	3		
		立面垂直度 普通抹灰	4		
		表面平整度 高级抹灰	3		
		表面平整度 普通抹灰	4		
		阴阳角方正 高级抹灰	3		
		阴阳角方正 普通抹灰	4		
		分格条(缝)直线度 高级抹灰	3		
		分格条(缝)直线度 普通抹灰	4		
		墙裙、勒脚上口直线度 高级抹灰	3		
		墙裙、勒脚上口直线度 普通抹灰	4		
施 工 操 作 依 据					
质 量 检 查 记 录					

施工单位检查结果评定	项目专业质量检查员：	项目专业技术负责人：　　　　　　　年　月　日
监理（建设）单位验收结论	专业监理工程师：（建设单位项目专业技术负责人）	年　月　日

030201/010705□□□说明

强 制 性 条 文

3.3.5 施工单位应遵守有关环境保护的法律法规，并应采取有效措施控制施工现场的各种粉尘、废气、废弃物、噪声、振动等对周围环境造成的污染和危害。

4.1.12 外墙和顶棚的抹灰层与基层之间及各抹灰层之间必须黏结牢固。

主 控 项 目

4.2.2 抹灰前基层表面的尘土、污垢、油渍等应清除干净，并应洒水润湿。

检验方法：检查施工记录。

4.2.3 一般抹灰所用材料的品种和性能应符合设计要求。水泥的凝结时间和安定性复验应合格。沙浆的配合比应符合设计要求。

检验方法：检查产品合格证书、进场验收记录、复验报告和施工记录。

4.2.4 抹灰工程应分层进行。当抹灰总厚度大于或等于35 mm时，应采取加强措施。不同材料基体交接处表面的抹灰，应采取防止开裂的加强措施，当采用加强网时，加强网与各基体的搭接宽度不应小于100 mm。

检验方法：检查隐蔽工程验收记录和施工记录。

4.2.5 抹灰层与基层之间及各抹灰层之间必须黏结牢固，抹灰层应无脱层、空鼓，面层应无爆灰和裂缝。

检验方法：观察；用小锤轻击检查；检查施工记录。

一 般 项 目

4.2.6 一般抹灰工程的表面质量应符合下列规定：

1、普通抹灰表面应光滑、洁净、接槎平整，分格缝应清晰。
2、高级抹灰表面应光滑、洁净、颜色均匀、无抹纹，分格缝和灰线应清晰美观。

检验方法：观察；手摸检查。

4.2.7 护角、孔洞、槽、盒周围的抹灰表面应整齐、光滑；管道后面的抹灰表面应平整。

检验方法：观察。

4.2.8 抹灰层的总厚度应符合设计要求；水泥沙浆不得抹在石灰沙浆层上；罩面石膏灰不得抹在水泥沙浆层上。

检验方法：检查施工记录。

4.2.9 抹灰分格缝的设置应符合设计要求，宽度和深度应均匀，表面应光滑，棱角应整齐。

检验方法：观察；尺量检查。

4.2.10 有排水要求的部位应做滴水线（槽）。滴水线（槽）应整齐顺直，滴水线应内高外低，滴水槽的宽度和深度均不应小于10 mm。

检验方法：观察；尺量检查。

4.2.11 一般抹灰工程质量的允许偏差和检验方法应符合表4.2.11的规定。

表 4.2.11 一般抹灰的允许偏差和检验方法

项次	项 目	允许偏差/mm		检 验 方 法
		普通抹灰	高级抹灰	
1	立面垂直度	4	3	用 2 m 垂直检测尺检查
2	表面平整度	4	3	用 2 m 靠尺和塞尺检查
3	阴阳角方正	4	3	用直角检测尺检查
4	分格条（缝）直线度	4	3	拉 5 m 线，不足 5 m 拉通线，用钢直尺检查
5	墙裙、勒脚上口直线度	4	3	拉 5 m 线，不足 5 m 拉通线，用钢直尺检查

注：①普通抹灰，本表第 3 项阴角方正可不检查；

②顶棚抹灰，本表第 2 项表面平整度可不检查，但应平顺。

注：本表由施工项目专业质量检查员填写，专业监理工程师（建设单位项目专业技术负责人）组织项目专业质量（技术）负责人等进行验收。

◆ 实训项目一 标志块、标筋制作

1. 实训任务

实作项目施工图如下图 2.2 所示,包括平面示意图和立面示意图,高度 2 m,长度 3 m,200 mm 厚空心砖墙上制作标志块、标筋。

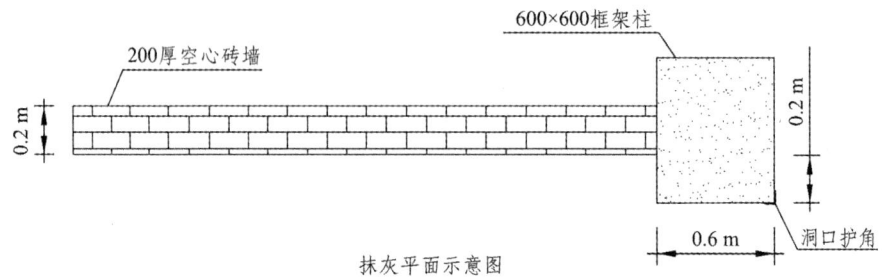

抹灰平面示意图

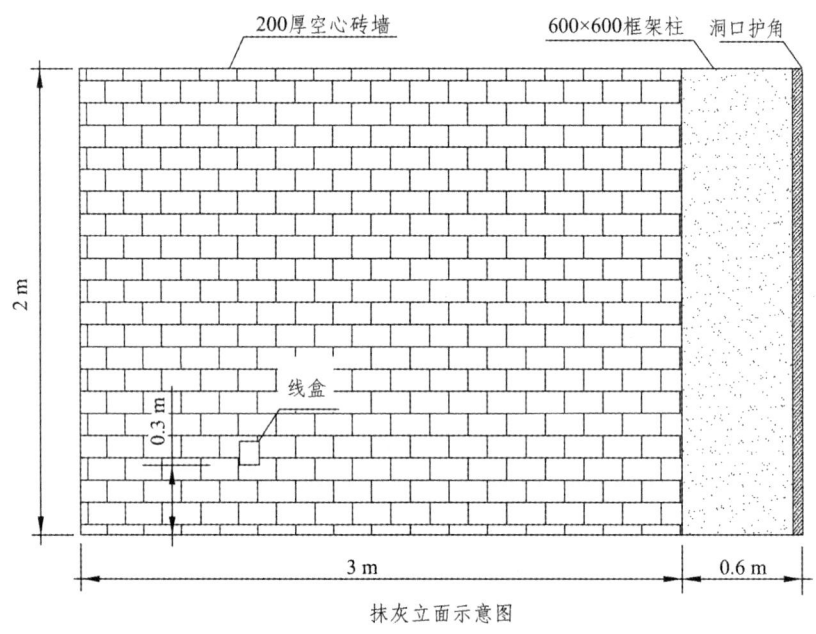

抹灰立面示意图

图 2.2 墙面上制作标志块、标筋

2. 任务准备

1)材料准备

实训中常常以黏土或石膏代替水泥。标志块、标筋抹灰的材料用量较少,可手工拌制。实际工程施工中应按设计要求选用材料。材料计算如表 2.5 所示。

表 2.5 材料计划

序号	材料名称	规格	按人需用量/m³	总量/(立方米/袋)	备注
1	水泥沙浆	1:3	0.000 46	0.004 6	按 10 个工位算
2	混合沙浆	1:1:6	0.46	4.6	按 10 个工位算
3	水泥净浆			2 袋	用作喷浆处理

2）工具准备

抹灰工具准备计划如表 2.6 所示。

表 2.6 抹灰工具表

序号	工具名称	规格	数量	备注
1	靠尺	2 m	1 把	
2	钢丝刷		1 把	
3	铁抹子		1 个	
4	木抹子		1 个	
5	阳角抹子		1 个	
6	阴角抹子		1 个	
7	灰板、灰铲		各 1 个	
8	刀口条		1 套	
9	卡勾铁（钢筋卡子）		4~6 只	
10	线坠		1 套	
11	钢卷尺	3~5 m	1 把	
12	墨线盒或粉线袋		1 套	
13	水泥钉		若干	
14	白线		若干	
15	铅笔或粉笔		1 支	

3. 操作流程

工艺顺序：墙面基层清理→浇水湿润→吊垂直、套方、找规矩、抹灰饼→抹水泥踢脚或墙裙→抹护角线→抹水泥窗台→墙面充筋→抹底、中层灰→修补预留孔洞、电箱槽、盒等→抹面层灰→养护。

1）基层处理、墙面浇水

（1）墙面凹凸太多的部位应予剔平或用 1:3 水泥沙浆补平，表面太光的要凿毛。

（2）清除表面灰尘、污垢、油渍，并晒水湿润。

（3）脚手孔要堵塞严实。

（4）基层表面光滑的还需将表面凿毛，以保证抹灰层能与其牢固黏结。

（5）不同基层材料相接处铺设金属网，衔接宽度不得小于 10 cm。

2）吊垂直、套方、找规矩、抹灰饼

（1）做标志块（做灰饼）。

上灰前，用靠尺板全面检查墙面平整度、垂直度，找出抹灰的最薄点并根据规范保证最薄点有 7 mm 厚的灰，然后确定抹灰厚度。

标志块位置在墙面的两尽端距阴（阳）角 150 mm～200 mm，大小为 50 mm×50 mm 为宜。中间标志块一般相距 1.2～1.5 m，并保证上下对应当墙面高度超过 2.8 m 时，中间添加标志块。如图 2.3 所示。

（2）引准线：以上、下两个标志块为依据拉准线，在准线两端钉上铁钉，挂线作为抹灰准线，如图 2.4 所示。然后依次拉好准线，每隔 1.2～1.5 m 做一个标志块。

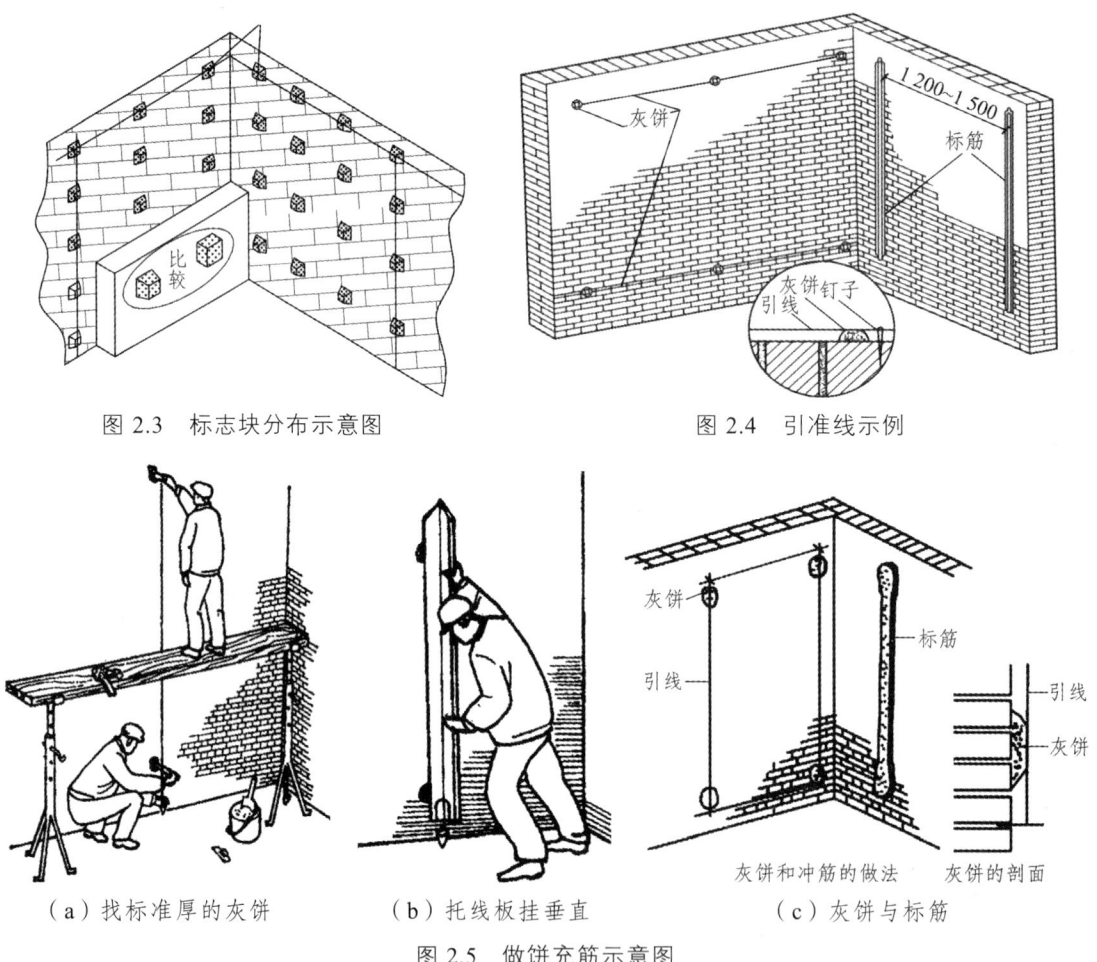

图 2.3　标志块分布示意图　　　　　图 2.4　引准线示例

（a）找标准厚的灰饼　　（b）托线板挂垂直　　（c）灰饼与标筋

图 2.5　做饼充筋示意图

（3）墙面充筋。

又叫作标筋，就是在两灰饼间抹出一条长灰梗来，如图 2.5。当灰饼沙浆达到七八成干时，即可用与抹灰层相同沙浆充筋。充筋根数应根据房间的宽度和高度确定，一般标筋宽度为 50 mm。两筋间距不大于 1.5 m。当墙面高度小于 3.5 m 时宜做立筋；大于 3.5 m 时宜做横筋，做横向充筋时做灰饼的间距不宜大于 2 m。

充筋前先将墙面浇水润湿。标筋端面呈梯形，底面宽约 100 mm，上宽 50 mm，灰梗两边搓成与墙面成 45°～60°。抹灰梗时要求比灰饼凸出 5～10 mm。连续做好几条灰梗后，以标志块为准，用刮尺紧贴灰饼左上右下反复地搓刮，直至灰条与灰饼齐平为止，再将两侧修成斜面，以便与抹灰层结合牢固，最终形成标筋。如图 2.5 所示。

4. 质量要求及验收标准

（1）抹灰层的垂直度、平整度和厚度，应符合抹灰工程的质量检验评定标准。

（2）不同的抹灰基层及不同部位，要求不同的抹灰厚度，抹灰的厚度薄处不得低于 7 mm。内墙一般抹灰的平均总厚度应控制如下：普通抹灰为 18 mm，中级抹灰为 20 mm，高级抹灰为 25 mm。

5. 学生工作单、标志块、标筋验收表

（1）学生工作单——标志块、标筋制作，如表 2.7。

表 2.7 学生工作单——标志块、标筋制作

实训项目	标志块、标筋制作	实训时间		实训地点			
姓名		班级		指导教师		成绩	
知识要点				评分权重30%		得分：	
1. 抹灰的分类及层次构造？							
2. 抹灰前基层如何处理？							
3. 抹灰沙浆的技术要求？							
4. 标志块、标筋的作用？							
5. 质量验收标准及检验方法							
操作要点				评分权重50%		得分：	
1. 制作标志块、标筋材料用量计划及准备？							
2. 工艺流程是什么？							
3. 标志块的制作顺序和间距？							
4. 标志块、标筋的厚度如何控制？							
5. 如何控制墙面抹灰的平整度？							
实训的收获、遇到的问题及处理的方法、有何可以改进的地方？				评分权重20%		得分：	

（2）标志块、标筋验收表，如表2.8。

表2.8 标志块、标筋制作验收评分表

工位号：　　　　　　　　组长：　　　　　　　　日期：

序号	检验内容	要求及允许偏差	检验方法	验收记录	分值	得分
1	工作程序	按标准程序	巡查		10	
2	标志块的位置、距离	普通抹灰：位置合理，±4 mm	尺量		10	
		高级抹灰：位置合理，±3 mm				
3	标筋的位置、距离	普通抹灰：位置合理，±4 mm	尺量		10	
		高级抹灰：位置合理，±3 mm				
4	表面平整度	普通抹灰：±4 mm/2 m	2 m靠尺、塞尺		10	
		高级抹灰：±3 mm/2 m				
5	表面垂直度	普通抹灰：±4 mm/2 m	拖线板、塞尺		10	
		高级抹灰：±3 mm/2 m				
6	厚度	普通抹灰：±4 mm/2 m	尺量		10	
		高级抹灰：±3 mm/2 m				
7	黏结牢固	不脱落、开裂	检查		10	
8	安全文明施工	无安全事故、无危险动作、工具完好、场地整洁	巡查		10	
9	施工进度	按时完成	巡查		10	
10	团队精神	人人参与、分工协作	巡查		10	
	总分				100	
组员签名						

◆ 实训项目二 室内抹灰

1. 实训任务

实作项目施工图如图 2.6 所示,包括平面示意图和立面示意图,高度 2 m,长度 3 m,200 mm 厚空心砖墙上进行内墙抹灰。本实训项目是在上一实训项目已经制作标志块、冲筋的基础上按室内抹灰标准进行墙面抹灰施工。

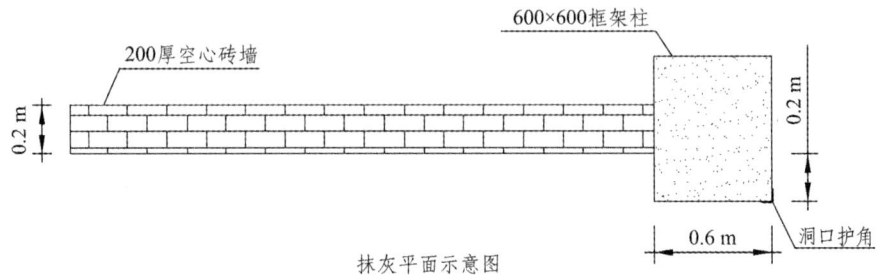

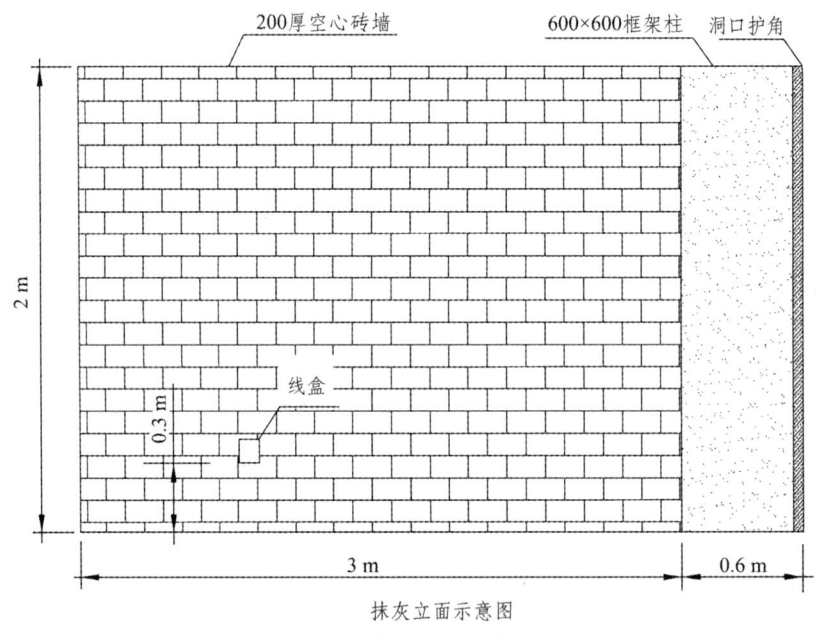

图 2.6 室内抹灰任务图

2. 任务准备

1）技术准备

（1）抹灰工程的施工图、设计说明及其他设计文件完成。

（2）材料的产品合格证书、性能检测报告、进场验收记录和复验报告完成。

（3）施工技术交底（作业指导书）完成。

（4）抹灰前应熟悉图纸、设计说明及其他设计文件，制订方案，做好样板间，经检验达到要求标准后方可正式施工。

2）材料准备

实训中常常以黏土或石膏代替水泥。标志块、标筋抹灰的材料用量较少，可手工拌制。实际工程施工中应按设计要求选用材料。材料计划如表2.9所示。

表2.9 材料计划

序号	材料名称	规格	按人需用量/m²	总量/(立方米/袋)	备注
1	水泥沙浆	1:3	0.000 46	0.004 6	按10个工位算
2	混合沙浆	1:1:6	0.46	4.6	按10个工位算
3	水泥净浆			2袋	用作喷浆处理

3）工具准备

见抹灰工具表2.6。

3. 操作流程

施工工艺流程为：墙面基层清理→浇水湿润→吊垂直、套方、找规矩、抹灰饼→抹水泥踢脚或墙裙→抹护角线→抹水泥窗台→墙面充筋→抹底、中层灰→修补预留孔洞、电箱槽、盒等→抹面层灰→养护。

为保证抹灰质量，普通抹灰的施工方法要求"三遍成活"，即"一底层、一中层、一面层"。本实训项目应在本单元实训项目一练习并达到一定要求的基础上进行。一般情况下，充筋完成2h后，当标筋沙浆达到七八成干时，可开始抹底子灰。注意掌握好时间，不要过早或过迟。如图2.7所示。

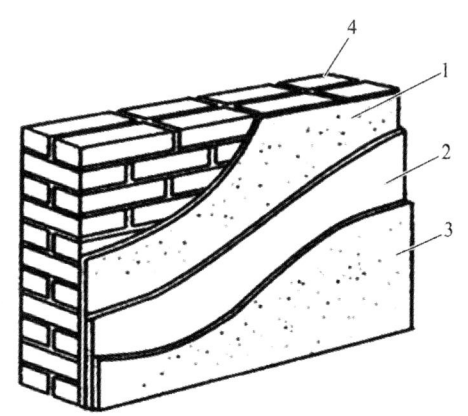

抹灰层的组成：1—底层；2—中层；3—面层；4—基层

图2.7 抹灰层次示意图

1）底层抹灰

先薄薄地抹一层 1∶3 的石灰沙浆与基层黏接。

2）中层抹灰

待底层灰七八成干后（手触及不软），在底层灰上洒水，待其收水后，即可上中层。紧接着分层抹至与标筋之间的墙面沙浆抹满。抹灰时，一般自上而下、自左向右涂抹，其厚度以垫平标筋为准，然后用刮尺靠在两边标筋上，自上而下进行刮灰，并使其略高于标筋，再用刮尺赶平，如图 2.8 所示，最后用木抹子搓实。

（a）底层抹灰　　　　　　　　　（b）木杠刮平

（c）装档刮杠示意

图 2.8　抹灰示意图

施工中，根据质量要求，有时中层抹灰可与底层抹灰一起进行，所用材料与底层相同，但应符合每遍厚度要求，且底层抹灰的强度不得低于中层及面层的抹灰强度。抹底灰时，要求将基体抹严，抹时用力压实使沙浆挤入细小缝隙内，接着分层装档、抹与充筋平，用木杠刮找平整，用木抹子搓毛。然后全面检查底子灰是否平整，阴阳角是否方直、整洁，管道后与阴角交接处、墙顶板交接处是否光滑、平整、顺直，并用托线板检查墙面垂直与平整情况。

抹灰面接搓应平顺，地面踢脚板或墙裙，管道背后应及时清理干净，做到活完场清。

3）做阳角护角

首先清理基层并浇水湿润，用钢筋卡或毛竹片固定好靠尺后，校正使其垂直，并与相邻两侧标筋相平，然后用 1∶1 水泥沙浆分层抹，等沙浆收水后拆除了靠尺，再用阳角抹子抹光，最后用铁板将 50 mm 外的沙浆切成直槎。

实际工程中，为了避免阳角处破坏，在门窗、洞口等处均应用水泥沙浆抹护角。

4）抹罩面灰

罩面灰分为：原浆罩面和加浆罩面。原浆罩面指的是，利用木抹子在已刮平的中层面上搓压，把浆挤压出来，然后用铁抹子压光。加浆罩面是指，加的浆类别有纯水泥浆、纸筋灰、麻刀纤维等，目的是起拉结作用，使其不易开裂、脱落，增强面层灰耐久性。

当底子灰六七成干时，就可抹罩面灰了。如果底子灰较干，应先洒水湿润。罩面灰两遍成活，每遍厚度约 2 mm。用铁抹子从边角开始，自左向右，先竖向薄薄抹一遍，再横向抹第二遍，并压平压光。操作时最好两人同时配合进行，一人先刮一遍薄灰，另一人随即抹平。依先上后下的顺序进行，然后赶实压光，压时要掌握火候，既不要出现水纹，也不可压活，压好后随即用毛刷蘸水，将罩面灰污染处清理干净。

施工时整面墙不宜留施工槎；如遇有预留施工洞时，甩下整面墙待抹为宜。

4. 质量要求及验收标准

1）基本规定

（1）抹灰工程应有施工图、设计说明及其他设计文件。

（2）相关各单位、专业之间应进行交接验收并形成记录，未经监理工程师或建设单位技术负责人检查认可，不得进行下道工序施工。

（3）合格证书和相关检测证书。

（4）进场后需要进行复验的材料应符合国家规范规定。

（5）现场配制的沙浆、胶黏剂等，应按设计要求或产品说明书配制。

（6）不同品种、不同标号的水泥不得混合使用。

（7）抹灰工程应对水泥的凝结时间和安定性进行复验。

（8）抹灰工程应对下列隐蔽工程项目进行验收：

① 抹灰总厚度等于或大于 35 mm 时的加强措施；

② 不同材料基体交接处的加强措施。

（9）外墙抹灰工程施工前应先安装门窗框、护栏等，并应将墙上的施工孔洞堵塞密实。

（10）室内墙面、柱面和门洞口的阳角做法应符合设计要求。设计无要求时，应采用 1:2 水泥沙浆做护角，其高度不应低于 2 m，每侧宽度不应小于 54 mm。

（11）当要求抹灰层具有防水、防潮功能时，应采用防水沙浆。

（12）各种沙浆抹灰层，在凝结前应防止快干、水冲、撞击、振动和受冻，在凝结后应采取措施防止玷污和损坏。水泥沙浆抹灰层应在湿润条件下养护。

（13）在施工中严禁违反设计文件擅自改动建筑主体、承重结构或主要使用功能，严禁未经设计确认和有关部门批准擅自拆改水、暖、电、燃气、通信等配套设施。

（14）外墙和顶棚的抹灰层与基层之间及各抹灰层之间必须黏结牢固。

2）主控项目

（1）抹灰前基层表面的尘土、污垢、油渍等应清除干净，并应洒水润湿。

检验方法：检查施工记录。

（2）一般抹灰所用材料的品种和性能应符合设计要求，沙浆的配合比应符合设计要求。

材料质量是保证抹灰工程质量的基础，因此，抹灰工程所用材料如水泥、沙、石灰膏、有机聚合物等应符合设计要求及国家现行产品标准的规定，并应有出厂合格证。材料进场时应进行现场验收，不合格的材料不得用在抹灰工程上。对影响抹灰工程质量与安全的主要材料的某些性能如水泥的凝结时间和安定性应进行现场抽样复验。

检验方法：检查产品合格证书、进场验收记录、复验报告和施工记录。

（3）抹灰工程应分层进行。当抹灰总厚度大于或等于 35 mm 时，应采取加强措施。不同材料基体交接处表面的抹灰，由于吸水和收缩性不一致，接缝处表面的抹灰层容易开裂，应采取防止开裂的加强措施，当采用加强网时，加强网与各基体的搭接宽度不应小于 100 mm。

检验方法：检查隐蔽工程验收记录和施工记录。

（4）抹灰层与基层之间及各抹灰层之间必须黏结牢固，抹灰层应无脱层、空鼓，面层应无爆灰和裂缝。抹灰层拉伸黏结强度实体检测值不应小于 0.20MPa。

检验方法：观察；用小锤轻击检查；检查拉伸黏结强度实体检测记录。

抹灰工程的质量关键是黏结牢固，无开裂、空鼓与脱落。如果黏结不牢，出现空鼓、开裂、脱落等缺陷，会降低对墙体保护作用，且影响装饰效果。经调研分析，抹灰层之所以出现开裂、空鼓和脱落等质量问题，主要原因是基体表面清理不干净，如：基体表面尘埃及疏松物、脱模剂和油渍等影响抹灰黏结牢固的物质未彻底清除干净；基体表面光滑，抹灰前未做毛化处理；抹灰前基体表面浇水不透，抹灰后沙浆中的水分很快被基体吸收，影响沙浆硬化质量；一次抹灰过厚，干缩率较大等，都会影响抹灰层与基体的黏结牢固。

3）一般项目

（1）一般抹灰工程。

一般抹灰工程的表面质量应符合下列规定：

① 普通抹灰表面应光滑、洁净、接搓平整、阴阳角顺直、分格缝应清晰。

② 高级抹灰表面应光滑、洁净、颜色均匀、美观、无接搓痕，分格缝和灰线应清晰美观。

检验方法：观察；手摸检查。

③ 护角、孔洞、槽、盒周围的抹灰表面应整齐、光滑；管道后面的抹灰表面应平整。

检验方法：观察。

④ 抹灰层的总厚度应符合设计要求；水泥沙浆不得抹在石灰沙浆层上；罩面石膏灰不得抹在水泥沙浆层上。

检验方法：检查施工记录。

⑤ 抹灰分格缝的设置应符合设计要求，宽度和深度应均匀，表面应光滑，棱角应整齐。

检验方法：观察；尺量检查。

⑥ 有排水要求的部位应做滴水线（槽）。滴水线（槽）应整齐顺直，滴水线应内高外低，滴水槽宽度和深度均不应小于 10 mm。

检验方法：观察；尺量检查。

一般抹灰工程质量的允许偏差和检验方法应符合表 2.10 的规定。

表 2.10　一般抹灰的允许偏差和检验方法

项目	允许偏差 / mm		检验方法
	普通抹灰	高级抹灰	
立面垂直度	4	3	用 2 m 托线板检查
表面平整度	4	3	用 2 m 靠尺和塞尺检查
阴、阳角方正	4	3	用直角检测尺检查
分格条（缝）直线度	4	3	拉 5 m 线，不足 5 m 拉通线，用钢直尺检查
墙裙、勒脚上口直线度	4	3	拉 5 m 线，不足 5 m 拉通线，用钢直尺检查

注：① 普通抹灰，本表第 3 项阴角方正可不检查；
　　② 顶棚抹灰，本表第 2 项表面平整度可不检查，但应平顺；
　　③ 混凝土基层抹灰只按高级抹灰要求。

5. 学生工作单、内墙抹灰验收表

（1）内墙抹灰工作单，如表 2.11。

表 2.11　学生工作单——内墙抹灰

实训项目	内墙抹灰	实训时间		实训地点			
姓名		班级		指导教师		成绩	
知识要点				评分权重30%		得分：	
1. 抹灰一般分几层进行？为什么要分层？							
2. 各抹灰层厚度如何确定？							
3. 有防潮要求时选用哪种沙浆？							
4. 质量验收标准及检验方法							
操作要点				评分权重50%		得分：	
1. 内墙抹灰材料用量计划及准备？							
2. 工艺流程是什么？							
3. 阳角护角的做法？							
4. 刮尺的作用及如何使用？							
实训的收获、遇到的问题及处理的方法、有何可以改进的地方？				评分权重20%		得分：	

(2)内墙抹灰验收表,如表2.12。

表2.12 内墙抹灰验收表

工位号:　　　　　　　组长:　　　　　　　日期:

序号	检查项目	允许偏差	评分标准	满分	检测点					实得分
1	墙面垂直度	3 mm	查3处,超过者,每次扣4分	12						
2	墙面平整度	2 mm	查3处,超过者,每次扣4分	12						
3	阴阳角方正、顺直	3 mm	查2处,每一处不顺直、不方正扣5分	10						
4	门洞口护角		查2处,护角外观不顺直、不平整、不洁净,一处扣4分	8						
5	箱、盒周边		是否规整,有无抹纹,扣1~5分	5						
6	表面观感		表面污染、有抹纹、有色差不洁净、破损等每处扣2分	10						
7	抹灰层黏结		抹灰层空鼓、裂缝每处扣2分	10						
8	工艺操作规程		操作工艺流程不合理、局部有误或材料利用不合理的,扣分	15						
9	安全文明施工		有事故无分,有隐患扣1~5分,未做到落手清扣3~6分	12						
10	工　效		规定时间完成满分,每提前(推迟)10 min,加(扣)1分,最多加(扣)6分	6						
总　　分				100						
组员签名										

◆ 实训项目三　室外抹灰

1. 实训任务

完成如图 2.9 所示场景（含窗台、分格条）的室外墙面抹灰。

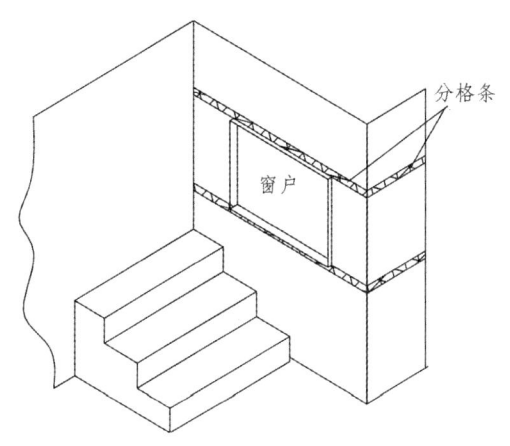

图 2.9　室外抹灰场景示意图

2. 任务准备

室外水泥沙浆抹灰工程工艺同室内抹灰基本一致，只是在选择沙浆时，应选用水泥沙浆或专用的干混沙浆。此外，还多有嵌分格条、做窗台滴水线等工序，材料准备及工具准备同内墙抹灰实训项目。

施工工艺流程为：墙面基层清理浇水湿润→堵门窗口缝及脚手眼、洞口→吊垂直、套方、找规矩→做标志块、充筋→做窗台滴水线→底层抹灰→中层抹灰→弹线分格、嵌分格条→面层抹灰→起分格条→养护。

3. 操作步骤

1）清理基层

清除墙表面的灰尘，对突出墙面的灰浆和墙体应凿平，表面光滑处还需凿毛，同时应对施工留下脚手架眼和孔洞处填实堵严；抹灰前应对墙基层充分洒水湿润。对砖墙基层，应先去掉余浆，并清除基层表面浮尘、污垢、油渍等，然后浇水湿润，浇水量以浸入砖墙 8～10 mm 为宜。对其他材料的墙体基层的处理方法请查阅抹灰工艺学资料。

2）找规矩

（1）先在外墙的四大角挂好自上而下的垂直通线，并在窗口吊垂直，确定抹灰厚度。

（2）根据两端标志块拉线，先上部后下部、先檐口再墙面挂线做出水平和垂直方向的标志块。标志块间距以 1.2～1.5 m 为宜。

（3）做标筋（方法与内墙抹灰做法相同）。大面积的外墙可分片同时施工，如果一次抹不完，可在阴阳交接处或分格线处间断施工。

3）做窗台滴水线

（1）基层处理，扫去窗台表面浮灰，并充分洒水湿润，对窗下档的间隙必须用水泥沙浆填密实。

（2）用 1∶3 水泥沙浆刮底糙，厚度为 10 mm。抹灰时，应先抹立面，后平面、底面，最后是侧面。

（3）在进行立面抹灰时，需要用钢筋卡住，上下靠尺经校正无差时才可抹灰，平面、立面、底面和侧面均要带条操作，底层必须用木抹子搓平，棱角清晰。

（4）罩面时，采用 1∶2 水泥沙浆，厚度 5~8 mm，要带靠尺抹灰，在沙浆达到初凝以后再进行收头压光，用阴、阳角抽光，在窗下槛用圆阳角抹子抽光。

（5）在窗下底部要做成滴水槽线、滴水线，防止雨水沿窗台往墙面上淌。滴水槽通常做在距窗台底面阳角 20 mm 处，用宽度和深度均不小于 10 mm 的米厘条。完工后，取下清洗再继续使用，或使用划格器将这部分沙浆划去，也可把下道口做成锐角，角往下伸约 10 mm，自然形成滴水线，如图 2.10 所示。

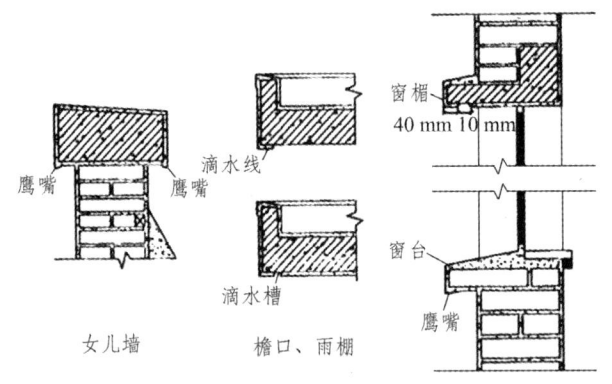

图 2.10 滴水线槽做法示意图

窗台、雨棚、压顶、檐口等部位，应先抹立面，后抹顶面，再抹底面，且应做成流水坡度。设计无要求时，可做 10% 泛水。下面应做滴水线或滴水槽。要求棱角整齐，光滑平整，起到挡水作用。窗台上面的抹灰层应伸入窗框下档的裁口内，堵塞密实。

4）抹底层灰、中层灰

先薄薄抹上一层底灰，底层沙浆凝固达到一定强度后，再抹中层，每层厚度控制在 5~7 mm 为宜。分层抹灰与冲筋找平时用木杠刮平找直，木抹子搓毛，每层抹灰不宜跟得太紧，以防收缩影响质量。

5）弹线分格、嵌分格条

大面积抹灰应分格，防止沙浆收缩，造成开裂。

分格条应提前准备，根据分格尺寸选择分格条长度。分格条一般为木制，使用前应用水充分浸透（这样既便于分格条粘贴，又能防止分格条使用时变形）。

（1）在中层灰六七成干后，按图纸要求弹出分格线。弹墙面竖向分格线时，要用线锤或经纬仪校正垂直度，横向以水平线为依据校正水平。对于柱子分格要统一找标高，柱子侧面分格应用水平尺引线。

（2）在抹灰底层弹好的分格线上，用素水泥粘上分格条。粘分格条时，先用素水泥浆在水平、竖直线上作几个点，把分格条临时固定好。水平线分格宜粘贴在水平分格线的下侧，垂直分格条宜粘贴在垂直分格线的左侧。粘分格条时注意应粘在所弹线的同一侧，防止上下、左右乱粘，出现分格不均匀。

（3）用直尺校正分格条的平整，然后将分格条两侧用水泥沙浆抹成45°的"八"字坡形。当天抹面的分格条，两侧斜角可抹成45°；隔夜抹面的分格条，两侧斜角可抹成分格条60°。

6）面层抹灰

分格条粘好后，待中层灰呈七八成干时开始抹面层灰。抹面层时，与分格条抹齐平，然后按分格条厚度刮平、搓实、压光，再用刷子蘸水按同一方向轻刷一遍，以达到颜色一致，并清刷分格条上的沙浆，以免起条时损坏墙面。室外抹灰面积较大，不易压光罩面层，所以一般采用木抹子搓成毛面，搓平时，要轻重一致，先以圆圈形搓抹，然后上下抽拉，方向一致，以使面层纹路均匀。抹灰完成24 h后，要注意养护，宜淋水养护7 d以上。

7）起分格条，养护

当面层灰抹好，且沙浆达到适当强度之后，即可起分格条。起条时，应从分格线的端头开始，取出时，可用木抹子略微轻敲分格条，使之松动；当取条困难时，可在条上钉个小钉子，敲打分格条后再往外拉。起条时，应防止分割线外边角、棱角损伤。分格条起出后，应立即清理干净，收存待用。分格条处用1∶1水泥沙浆勾缝。

分格条要求横平竖直，缝宽窄和深浅均匀一致，四周交接严密，不得有错缝或扭曲现象。分格条是做在外墙面的，施工时，需特别注意安全。在弹线前，应检查所有脚手板是否放置平稳，脚手架是否牢固、是否安全。只有一切都安全正常，方可进行施工。

4. 质量要求及验收标准

同本单元实训项目三的"质量要求及验收标准"

5. 学生工作页和实训考核验收表

（1）外墙抹灰学生工作页，如表2.13。

表2.13 学生工作单——外墙抹灰

实训项目	外墙抹灰	实训时间		实训地点			
姓名		班级		指导教师		成绩	
知识要点				评分权重30%		得分：	
1. 外墙抹灰的施工准备和安全事项？							
2. 什么是分格条，应注意哪些事项？							
3. 什么是滴水槽，应注意哪些事项？							
4. 质量验收标准及检验方法							
操作要点				评分权重50%		得分：	
1. 外墙抹灰材料用量计划及准备？							
2. 外墙抹灰工艺流程是什么？							
3. 内墙和外墙抹灰有何不同？							
4. 你认为外墙抹灰操作中有哪些重点、难点？							
实训的收获、遇到的问题及处理方法、有何可以改进的地方？				评分权重20%		得分：	

（2）外墙抹灰验收表，如表2.14。

表2.14 外墙抹灰验收表

工位号：　　　　　　　　组长：　　　　　　　　日期：

序号	检查项目	允许偏差	评分标准	满分	检测点					实得分
1	表面观感		表面污染、有抹纹、有色差不洁净、破损等每处扣2分	10						
2	表面空鼓、裂纹		空鼓、裂纹每处扣3分	15						
3	窗台表面平整度	±2 mm	查3处，超过者，每次扣4分	12						
4	窗台立面垂直度	±2 mm	查3处，超过者，每次扣4分	12						
5	门洞口护角		查2处，护角外观不顺直、不平整、不洁净，一处扣4分	8						
6	工艺操作规程		操作工艺流程不合理、局部有误或材料利用不合理的，扣分	15						
7	安全文明施工		有事故无分，有隐患扣1~5分，未做到落手清扣3~6分	12						
8	工　效		规定时间完成满分，每提前（推迟）10分钟，加（扣）1分，最多加（扣）6分	6						
9	团队精神		人人参与，分工协作，有不参与者，不积极者视情况扣分	10						
10										
			总　分	100						

组员签名	

单元3　钢筋工实训

钢筋工种实训是模拟从钢筋进场验收到下料计算、配料加工，再到钢筋安装完成的全过程，重在培养学生在钢筋工种方面的实际操作能力。通过本技能操作训练，学生应熟悉钢筋的分类方法，识别各种规格钢筋，掌握常用工器具的使用方法，初步掌握钢筋的加工、绑扎、安装等技能，提高学生的动手能力，遵守劳动保护制度，巩固、加深对所学的专业理论知识的认识，为毕业实习及今后工作打下必要的基础。

◆ 实训准备及注意事项

1. 实训工具

常见的钢筋施工常用工具有：钢丝刷子、钢筋断线钳（图3.1）、工作台、卡盘、手摇板、钢筋弯曲机、钢筋切断机、绑扎钩（图3.2）、绑扎架、钢卷尺、粉笔、扎丝、撬棍、起拱扳子等。

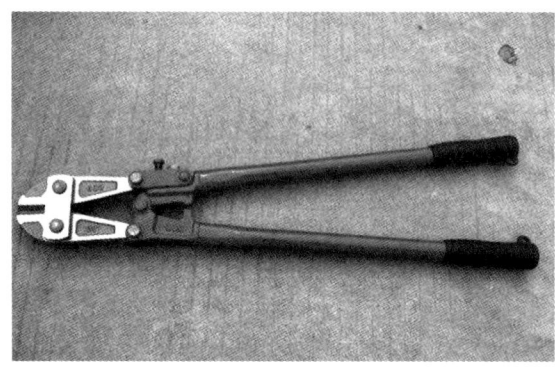
图3.1　钢筋断线钳

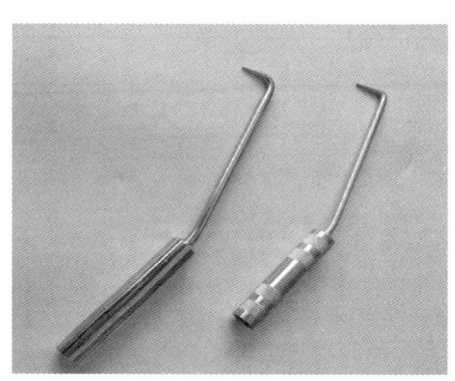
图3.2　绑扎钩

2. 实训材料

钢筋工实训按工位所需材料见表3.1。

表 3.1　钢筋工实训材料需求

材料名称	规格、数量	备注
受力筋、箍筋	根据具体实训任务	有出厂合格证、按规定做力学性能复试；加工过程中发生脆断等，还需做化学成分检验。无老锈及油污
扎丝	22 或 22 号、长 150～250 mm	
垫块	水泥沙浆、50 mm×50 mm×保护层厚度或 30 mm×30 mm×保护层厚度	规格根据保护层厚度选
料牌	小白板、数量按工位	钢筋加工依据
表格	配料单、数量按工位	翻样下料计算时填的表

3．钢筋工操作技术要求

（1）施工准备：能看懂框架梁、板、柱及一般楼梯等结构构件的钢筋混凝土施工图；能够对钢筋进行进场验收，对所用工具进行检查准备。

（2）配料：能完成框架梁、板、柱等结构构件一般部位的钢筋大样图；能编制框架梁、板、柱等结构构件的配料单。

（3）加工安装：能绑扎安装框架结构中各构件的钢筋。

（4）检查整理：能进行钢筋隐蔽工程的验收，处理钢筋工程中的一般的质量通病；能完成钢筋工程技术资料的整理。

4．注意事项

（1）熟悉实训场地，认识常用钢筋施工工具及设备，认真阅读操作说明，做好工具及设备的保养和维修。

（2）检查钢筋的外观质量，并认真查阅钢筋原材料的质量证明文件。

（3）施工中，要按需领取材料并节约材料，爱惜工具设备。

（4）钢材、半成品等应按规格、品种分别堆放至相应位置，保持整洁。

（5）施工过程中应注意安全，严格遵守钢筋工安全操作规程。

（6）操作结束后，材料、工具、器械应归原位，场地清扫干净。

5．钢筋工程基本知识

钢筋工程的施工流程如下：

进场验收→堆放保管→配料计算→钢筋加工→钢筋连接及安装→验收。

1）进场验收

进场验收应检查产品合格证、出厂检验报告和进场复验报告。

（1）出厂合格证。由钢厂质量检验部门提供，应包括以下内容：钢厂名称、炉罐号、钢种、钢号、强度、级别、规格、重量及件数、生产日期、出厂批号、机械性能数据及结论、化学成分检验数据及结论、钢厂质量检验部门印章及标准编号。

（2）出厂检验报告。内容包括：委托单位、工程名称、使用部位、钢材级别、钢种、钢号、外形标志、出厂合格证编号、代表数量、送样日期、原始记录编号、报告编号，以及主要检验项目的试验数据及结论：拉力试验（屈服点或屈服强度）、抗拉强度、伸长率（断后伸长率，最大力总伸长率）；冷弯试验；反复弯曲试验。

（3）进场复验项目：钢筋进场时应按国家现行相关标准的规定抽取试件做力学性能和重量偏差检验，检验结果必须符合有关标准的规定。

此外，还应按表3.2进行外观检查，外观检查不合格的钢筋应及时剔除。

表3.2 钢筋外观要求

钢筋种类	外观要求
热轧钢筋	表面无裂缝、结疤和折叠，如有凸块不得超过螺纹的高度，其他缺陷高度或深度不得超过所在部位的允许偏差，表面不得沾有油污
热处理钢筋	表面无肉眼可见的裂纹、结疤和折叠，如有凸块不得超过横肋高度，表面不得沾有油污

2）现场堆放保管

（1）钢筋的外观检查合格后，应按钢筋品种、等级、牌号、规格及生产厂家分类堆放，不得混杂，且应设立识别标志。

（2）钢筋在储存过程中应避免锈蚀和污染，宜在库内或棚内存放。露天堆置时，应架空存放，离地面不宜小于30 cm，并加以遮盖。

3）配料计算

钢助加工前应进行配料计算，具体方法详见本单元实训项目一。

4）钢筋加工

钢筋加工前应进行表面清理干净。表面有颗粒状、片状老锈或有损伤的钢筋不得使用。钢筋加工宜在常温状态下进行，加工过程中不应对钢筋进行加热。钢筋应一次弯折到位。

（1）钢筋除锈。

钢筋的除锈，一般可通过以下两个途径：

① 一是在钢筋冷拉或钢丝调直过程中除锈，对大量钢筋的除锈较为经济省力。
② 二是用机械方法除锈，如采用电动除锈机除锈，对钢筋的局部除锈较为方便。

此外，还可采用手工除锈（用钢丝刷、沙盘）、喷沙等。

在除锈过程中发现钢筋表面的氧化铁皮鳞现象严重并已损伤钢筋截面，或在除锈后钢筋表面有严重的麻坑、斑点伤蚀截面时，应降级使用或剔除不用。

（2）钢筋调直。

钢筋宜采用机械设备进行调直，也可以采用冷拉方法调直。当采用机械设备调直时，调直设备不应具有延伸功能。当采用冷拉方法调直时，HPB300光圆钢筋冷拉率不宜大于4%；HRB335、HRB400、HRB500、RRB400带肋钢筋冷拉率不宜大于1%。

（3）钢筋切断。

钢筋切断采用钢筋切断机，沙轮机。受力钢筋不准用氧焊切割。螺纹接头钢筋切断采用沙轮机切断,便于钢筋车丝扣。

(4)钢筋弯曲成型。

钢筋弯曲应该用机械冷弯,不得用气焊烤弯(或电焊烧弯)。钢筋弯折的弯弧内直径应符合下列规定:

① 光圆钢筋,不应小于钢筋直径的 2.5 倍。

② 335 MPa 级、400 MPa 级带肋钢筋,不应小于钢筋直径的 4 倍。

③ 500 MPa 级带肋钢筋,当直径为 28 mm 以下时不应小于钢筋直径的 6 倍,当直径为 28 mm 及以上时不宜小于钢筋直径的 7 倍。

④ 位于框架结构顶层端节点处的梁上部纵向钢筋和柱外侧纵向钢筋,在节点角部弯折处,当钢筋直径为 28 mm 以下时不宜小于钢筋直径的 12 倍,当钢筋直径为 28 mm 及以上时不宜小于钢筋直径的 16 倍。

⑤ 箍筋弯折处尚不应小于纵向受力钢筋直径;箍筋弯折处纵向受力钢筋为搭接钢筋或并筋时,应按钢筋实际排布情况确定箍筋弯弧内直径。

纵向受力钢筋的弯折后平直段长度应符合设计要求。光圆钢筋末端作 180°弯钩时,弯钩的弯后平直部分长度不应小于钢筋直径的 3 倍。

箍筋、拉筋末端按设计要求作弯钩,并符合下列规定:

① 对一般结构构件,箍筋弯钩的弯折角度不应小于 90°,弯折后平直段长度不应小于箍筋直径的 5 倍;对有抗震设防要求或设计有专门要求的结构构件,箍筋弯钩的弯折角度不应小于 135°,弯折后平直段长度不应小于箍筋直径的 10 倍或 75 mm 中的较大值。

② 圆形箍筋的搭接长度不应小于其受拉锚固长度,且两末端均应作不小于 135°的弯钩,弯折后平直段长度对一般结构构件不应小于箍筋直径的 5 倍,对有抗震设防要求的结构构件不应小于箍筋直径的 10 倍和 75 mm 的较大值。

③ 拉筋用作梁、柱复合箍筋中单肢箍筋或梁腰筋间拉结筋时,两端弯钩的弯折角度均不应小于 135°,弯折后平直段长度符合对箍筋的有关规定;拉筋用作剪力墙、楼板等构件中拉结筋时,两端弯钩可采用一端 135°另一端 90°,弯折后平直段长度不应小于拉筋直径的 5 倍。钢筋弯曲加工前应进行划线。

以一根直径 20 mm 的弯起钢筋为例,其所需的形状和尺寸如图 3.3(a)所示。划线方法如图 3.3(b)所示。

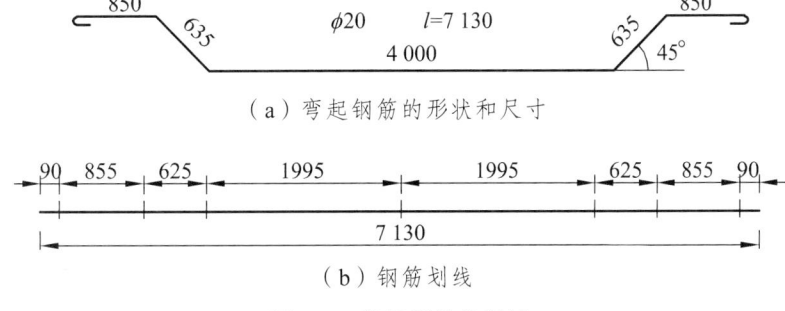

(a)弯起钢筋的形状和尺寸

(b)钢筋划线

图 3.3 弯起钢筋的划线

第一步，在钢筋中心线上划第一道线；

第二步，取中段 4 000/2 – 0.5d/2 = 1995 mm，划第二道线；

第三步，取斜段 635 – 2 × 0.5d/2 = 625 mm，划第三道线；

第四步，取直段 850 – 0.5d/2 + 0.5d = 855 mm，划第四道线。

上述划线方法仅供参考。第一根钢筋成型后应与设计尺寸校对一遍，完全符合后再成批生产。

5）钢筋连接及安装。

钢筋连接采用焊接、机械连接及绑扎搭接。

直螺纹接头的混凝土保护层厚度应满足现行国家标准中受力钢筋保护层要求的最小厚度，且不得小于 15 mm。受力钢筋接头位置应相互错开。在任一接头中心至长度为钢筋直径的 35 倍的区段内（且不小于 500 mm），有接头的受力钢筋截面面积占钢筋总截面面积的百分率，应符合下列规定：

① 受拉区的受力钢筋接头百分率不宜超过 50%。

② 接头宜避开有抗震设防要求的框架的梁端和柱端的箍筋加密区；当无法避开时，接头的百分率不应超过 50%。

③ 受压区和装配式构件中钢筋受力较小部位，接头百分率可不受限制。

（1）钢筋焊接。

① 焊工：应持证上岗，并按照合格证规定的范围操作。

② 焊接方法：电弧焊。电弧焊是利用弧焊机使焊条与焊件之间产生高温，电弧使焊条和电弧燃烧范围内的焊件熔化，待其凝固便形成焊缝或接头。

电弧焊广泛用于钢筋接头、钢筋骨架焊接、装配式结构接头的焊接、钢筋与钢板的焊接及各种钢结构焊接。钢筋电弧焊的接头形式有：搭接焊接头（单面焊缝或双面焊缝）、帮条焊接头（单面焊缝或双面焊缝）、剖口焊接头（平焊或立焊）和熔槽帮条焊接头。电弧焊焊接接头，双面焊缝的长度不小于 5d，单面焊缝的长度不小于 10d。

焊条的选用：焊接 HPB300 钢筋可采用 E4316、E4315 焊条；焊接 HRB335 或 HRBF335 钢筋应采用 E5016、E5015 焊条；焊接 HRB400 或 HRBF400 钢筋采用 E5516、E5515 焊条。

焊后未冷却接头若碰到雨或冰雪，易产生淬硬组织，应该防止。

（2）钢筋机械连接。

常用连接套筒有四种形式，分别是标准型套筒、正反丝扣型套筒、变径型套筒、可调型套筒。现在采用的是直螺纹接头，主要使用直螺纹成型机、力矩扳手等。直螺纹接头安装时的最小拧紧扭矩值如表 3.3 所示。

表 3.3 直螺纹接头安装时的最小拧紧扭矩值

钢筋直径/mm	≤16	18~20	22~25	28~32	36~40
拧紧扭矩/N·m	100	200	260	320	360

主要施工方法如下：

① 工艺流程：下料、平头—剥肋滚压螺纹—丝头检验—利用套筒连接—接头检验—完成

② 接头施工。

第一步为切割下料。对端部不直的钢筋要预先调直，按规程要求，切口的端面应与轴线垂直，不得有马蹄形或挠曲，因此刀片式切断机和氧气吹割都无法满足加工精度要求，通长只有采用沙轮切割机，按配料长度逐根进行切割。

第二步为加工丝头。丝头的加工过程是：将待加工钢筋夹持在设备的台钳上，开动机器，扳动给进装置，动力头向前移动，开始剥肋滚压螺纹，等滚压到调定位置后，设备自动停机并反转，将钢筋端部退出动力头，扳动进给装置将设备复位，钢筋丝头即加工完成。

加工丝头时，应采用水溶性切削液，当气温低于 0 ℃ 时，应掺入 15%～20% 亚硝酸钠。严禁用机油作切削液或不加切削液加工丝头。丝头加工长度为标准型套筒长度的 1/2，其公差为 +2P（P 为螺距）。操作工人应按下表的要求检查丝头的加工质量，每加工 10 个丝头用通、止环规检查一次。经自检合格的丝头，应由项目部专职质检员随机抽样进行检查，切去不合格的丝头，查明原因并解决后重新加工螺纹。检查合格的丝头应加以保护，在其端头加带保护帽或用套筒拧紧，按规格分类堆放整齐。

（3）现场连接加工。

① 连接钢筋时，钢筋规格和套筒的规格必须一致，钢筋和套筒的丝扣应干净、完好无损。

② 采用预埋接头时，连接套筒的位置、规格和数量应符合设计要求。带连接套筒的钢筋应固定牢，连接套筒的外露端应有保护盖。

③ 滚压直螺纹接头应使用管钳和力矩扳手进行施工，将两个钢筋丝头在套筒中间位置相互顶紧，接头拧紧力矩应符合表 4 的规定。力矩扳手的精度为 ±5%。

④ 经拧紧后的滚压直螺纹接头应随手刷上红漆以作标识，单边外露丝扣长度不应超过 2P。

（4）钢筋绑扎。

钢筋绑扎所用工具可用钳子或铁钩。根据不同的使用场景，有不同的绑扎扣样，如图 3.4 所示。

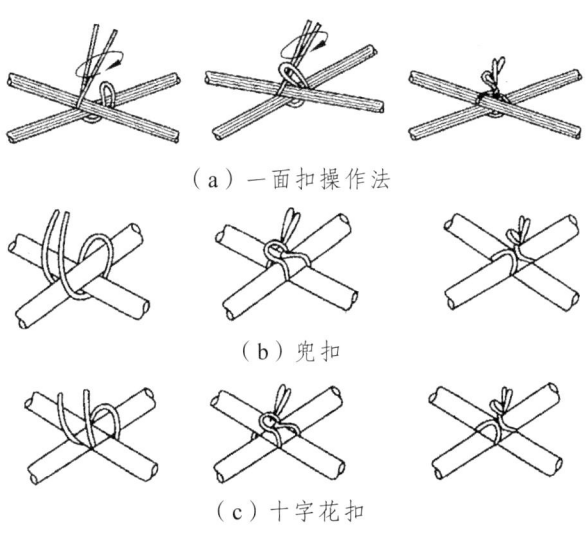

（a）一面扣操作法

（b）兜扣

（c）十字花扣

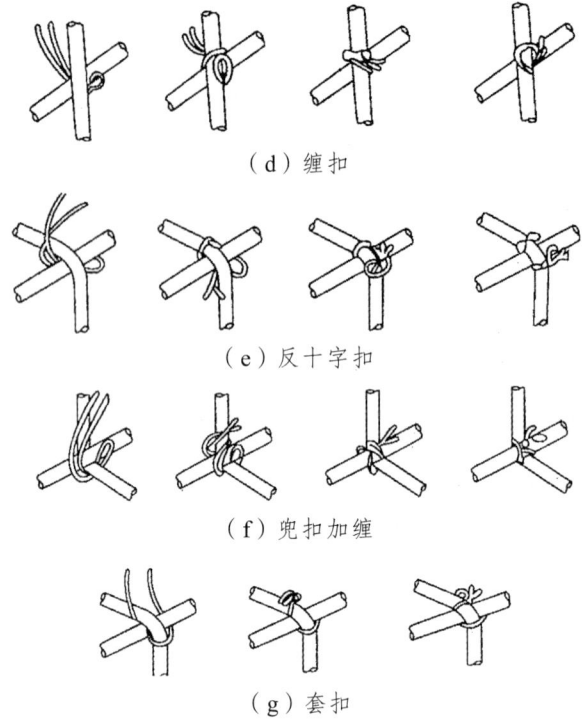

(d) 缠扣

(e) 反十字扣

(f) 兜扣加缠

(g) 套扣

图 3.4　钢筋各种绑扎方法

① 一面顺扣：用于平面上扣量很多、不易移动的构件，如底板、墙壁等。

② 十字花扣和反十字花扣：用于要求比较牢固结实的地方。

③ 兜扣：可用于平面，也可用与直筋与钢筋弯曲处的交接，如梁的箍筋转角处与纵向钢筋的连接。

④ 缠扣：为防止钢筋滑动或脱落，可在扎结时加缠，缠绕方向根据钢筋可以移动的情况确定，缠绕一次或两次均可。缠扣可结合十字花扣、反十字花扣、兜扣等实现。

⑤ 套扣：为了利用材料，绑扎用铁丝也有用废铁丝绳烧软破出股丝代替的，这种股丝较粗，可预先弯折，绑扎时往钢筋交叉点插套即可，这就是套扣。

钢筋的绑扎应该符合以下的规定：

① 钢筋的绑扎搭接接头应在接头中心和两端用铁丝扎牢。

② 墙、柱、梁钢筋骨架中各竖向面钢筋网交叉点应全数绑扎；板上部钢筋网的交叉点应全数绑扎，底部钢筋网除边缘部分外可间隔交错绑扎。

③ 梁、柱的箍筋弯钩及焊接封闭箍筋的焊点应沿纵向受力钢筋方向错开设置。

④ 构造柱纵向钢筋宜与承重结构同步绑扎。

⑤ 梁及柱中箍筋、墙中水平分布钢筋、板中钢筋距构件边缘的起始距离宜为 50 mm。

7）钢筋安装及保护层控制

① 钢筋安装。

构件交接处的钢筋位置应符合设计要求。当设计无具体要求时，应保证主要受力构件和构件中主要受力方向的钢筋位置。框架节点处梁纵向受力钢筋宜放在主梁下部钢筋上；剪力墙中水平分布钢筋宜放在外侧，并在墙端弯折锚固。钢筋开口闭合处应交错布置。

钢筋安装应采用定位件固定钢筋的位置，并宜采用专用定位件。定位件应具有足够的承载力、刚度、稳定性和耐久性。定位件的数量、间距和固定方式，应保证钢筋位置偏差符合规范标准。

钢筋安装应采取防止钢筋受模板、模具内表面的脱模剂污染的措施。

② 钢筋保护层。

钢筋保护层采用绑扎混凝土垫块的方法进行控制，混凝土保护层内不准使用金属定位件。钢筋绑扎铁丝弯向混凝土结构内部，禁止侵入混凝土保护层内。

钢筋保护层垫块一般要求是每平方米不少于4个。

6）钢筋质量检验（验收）

钢筋原材料经检验合格后方可使用，当进行焊接或采用机械接头时还需对接头进行试验，合格后方可在工程中使用。

（1）钢筋接头检测。

① 钢筋焊接检测。

焊接接头质量检查除外观外，亦需抽样作力学性能试验。如对焊接质量有怀疑或发现异常情况，还可进行非破损检验（X射线、γ射线、超声波探伤等）。

② 机械接头检测。

每种规格钢筋的接头试件不应少于3根。

（2）钢筋安装检测

钢筋加工的形状与尺寸应符合设计要求，其偏差应符合表3.4的规定。检查数量与方法，与主控项目相同。

表3.4 钢筋加工的允许偏差

项 目	允许偏差/mm
受力钢筋顺长度方向全长的净尺寸	±10
弯起钢筋的弯折位置	±20
箍筋内的净尺寸	±5

钢筋保护层厚度必须满足设计要求。桩基钢筋笼圆饼混凝土垫块半径应该大于混凝土保护层厚度。

6. 文明施工

（1）钢筋下料时要看清标志牌，未送检或送检未取得检验报告的不能使用。

（2）钢筋下料时还要注意检查钢筋外观，有明显裂纹及锈蚀的钢筋不能使用。

（3）钢筋绑扎前要检查柱、梁、模、柱头内有无污物杂质，如有污物要清理完成才能进行钢筋绑扎。

（4）工完场清，每次验钢筋之前，所有的多余钢筋必须清理干净。

7. 钢筋工程技术交底示例

（1）钢筋制作技术交底，见表3.5。

表3.5 钢筋制作技术交底

工程名称	×××项目	交底部位	A1-16#、18#、59#-62#
分项工程名称	钢筋制作	交底日期	2009-03-01

交底内容

一、施工准备

1. 材料

钢筋具有出厂合格证，复试报告均符合设计规范要求，外观良好。本工程严禁使用小厂生产的钢筋，对于每批进场材料应认真控制。

2. 作业条件

（1）操作场地应干燥、通风，应有合格的技术操作人员。
（2）机具设备齐全，如：钢筋切断机、弯曲机、调直机、操作台等。
（3）应做好料表、料牌（钢号、规格尺寸、形状、数量）。
（4）堆积现场做好各种标识（名称、规格、使用部位、检验是否合格）。

二、操作工艺

1. 钢筋配料

（1）根据构配件配筋图，绘制各种形状和规格的单根钢筋图并加以编号，标出各种钢筋的数量。
（2）根据简图，计算各种钢筋下料长度

① 直钢筋下料长度=构件长度-保护层厚度+弯钩增加长度。式中钢筋增加长度根据具体条件，采用经验系数，参考下表：

钢筋直径	≤6	8~10	12~18	20~28	32~36
一个弯钩长度	$4d$	$6d$	$5.5d$	$5d$	$4.5d$

② 弯起钢筋下料长度=直段长度+斜段长度-弯曲调整值+弯钩增加长度。

钢筋弯曲调整值参考值见下表：

钢筋弯曲角度	30°	45°	60°	90°	135°
钢筋弯曲调整值	$0.35d$	$0.5d$	$0.85d$	$2d$	$2.5d$

式中斜段长度取下表：

弯起角度	30°	45°	60°
斜边长度 S	$2h_0$	$1.41h_0$	$1.15h_0$
底边长度 L	$1.732h_0$	h_0	$0.575h_0$
增加长度 S-L	$0.268h_0$	$0.41h_0$	$0.575h_0$

备注：h_0 为弯起高度。

③ 箍筋下料长度=箍筋周长+箍筋调整值。式中箍筋调整值即为弯钩增加长度和弯曲调整值两项之差或和，根据箍筋外包尺寸或内皮尺寸而定，数据如下：

箍筋内径/mm	6	8	10	12	14	16
量外包尺寸/mm	50	60	70	70	80	90
量内皮尺寸/mm	100	120	150	170	200	220

④ 变截面构件箍筋值。

变截面构件每根箍筋长短差值 $\Delta=(L_c-L_d)/(n-1)$

式中：L_c——箍筋的最大高度；

　　　L_d——箍筋的最小高度；

　　　N——箍筋个数，等于 $S/a+1$；

　　　a——箍筋间距。

（3）填写配料单

① 对有搭接接头的钢筋下料长度，按下料长度公式计算后，应加上钢的搭接长度。

② 配料计算时，要考虑钢筋的形状和尺寸，在满足设计要求的前提下要有利于加工、运输、安装。

③ 配料时，还要考虑施工需要的附加钢筋，例如基础双层钢筋网中保证上层钢筋位置的钢筋撑脚等。

（4）钢筋种类、级别和直径应按设计要求采用，当需要代换时，应征得的设计单位的同意，并符合下列规定：

① 不同种类钢筋代换，应按钢筋受拉承载力相等原则进行。

② 当构件有抗裂要求，进行裂缝宽度和挠度控制后，钢筋代换应进行抗裂、裂缝宽度或挠度验算。

③ 钢筋代换后，应满足混凝土结构设计规范中所规定的钢筋间距、锚固长度、钢筋最小直径、根数等要求。

④ 对重要的受力构件，不宜采用Ⅰ级光面钢筋代换变形钢筋。

⑤ 梁的纵向受力钢筋与弯起钢筋应分别进行代换。

⑥ 对有抗震要求的框架结构，不宜以强度较高的钢筋代替原设计中的钢筋，当必须代换时，待换的钢筋强度检验结果应满足：① 抗拉强度与屈服强度比值不小于 1.25。② 屈服强度与强度标准值的比值：当一级抗震设计时，不大于 1.25；当二级抗震设计时，不大于 1.4。这一点容易被忽视，应予以注意。

⑦ 预制构件的吊环，必须采用未经冷拉的Ⅰ级热轧钢筋制作，严禁用其他钢筋代换。

2. 钢筋除锈

使用钢筋前均应均应清除钢筋表面的铁锈、油污和锤打能剥落的浮皮。除锈，可通过钢筋冷拉或钢筋调直机过程中完成。少量的钢筋除锈，可采用电动除锈或喷沙方法除锈，钢筋局部除锈可采取人工用钢丝刷或沙轮等方法除锈。

3. 钢筋调直

（1）对局部曲折、弯曲的或成盘的钢筋应加以调整。

（2）钢筋调制使用调直机调直。

4. 钢筋切断

（1）钢筋弯曲成型前，应根据配料表要求长度分别截断，通常宜用钢筋切断机进行。

（2）钢筋切断时，应将同规格钢筋根据不同长度长短搭配，统筹排料，一般先断长料，后断短料，以减少短头和损耗。

5. 钢筋弯曲成型

（1）钢筋弯曲成型多采用弯曲机进行，在缺乏设备或少量钢筋加工时，可用手工弯曲成型。

（2）钢筋弯曲时，应将各弯曲点位置画出，划线尺寸应根据不同弯曲角度和钢筋直径扣除钢筋弯曲调整值。钢筋端部带半圆弯钩时，该段长度划线时增加 $0.5d$。

三、应遵守的主要标准
（1）钢筋的品种和力学性能，必须符合设计和规范要求。
（2）带有颗粒状或片状老锈经除锈后仍有麻点的钢筋，严禁按原规格使用，应降级使用或剔除不用。
（3）成品钢筋的规格形状、尺寸数量必须符合设计规范要求。
（4）成型后的钢筋要求形状正确，平面上无凹曲。
（5）钢筋末端弯钩的净空直径不小于钢筋直径的2.5倍。
（6）钢筋弯点无裂缝，为此对于Ⅱ级或Ⅱ级以上的钢筋不得回弯。
（7）允许偏差项目。
① 受力钢筋长度方向全长的净尺寸允许偏差为±10 mm。
② 弯起钢筋的弯起位置允许偏差为±20 mm。
③ 弯起钢筋的弯起高度允许偏差为±5 mm。
④ 箍筋边长允许偏差为±5 mm。

四、成品保护
（1）成品钢筋应按规格形状、尺寸集中堆放并及时运往作业层。
（2）严禁踩踏碰撞成品钢筋，以免撞掉料牌。
（3）严禁污染成品钢筋。

五、应注意的质量问题
（1）钢筋配料计算，除钢筋的形状和尺寸满足图纸要求之外，还应考虑有利于钢筋加工、运输和安装。
（2）对形状复杂的构件，应采用放1：1足尺或放大样的办法，用尺量得钢筋长度。
（3）配料时还需考虑施工时需要的附加钢筋。
（4）应避免用短尺量长料，防止产生误差积累，应在工作平台上标出尺寸刻度，并设置控制断料尺寸用的挡板。在此过程中如发现劈裂、缩头或严重弯头等必须切除。
（5）钢筋弯曲划线用在工作台上进行，如无划线台面直接以尺度量划线时，应使用长度适当的尺，不宜用短尺，以防发生错误，第一根钢筋弯曲成型后应与料表符合，再成批加工。
（6）在配料翻样时，当受力钢筋采用焊接接头时，设置在同一构件内的焊接接头应相互错开。在任意焊接接头中心起长度为钢筋直径的35倍且不小于500区段内，同根钢筋不得有两个接头，在该区段内有接头的受力钢筋面积占受力钢筋总面积的百分率不超过50%，受压区不限制。当受力钢筋采用绑扎接头时，设置在同构件内的绑扎接头应相互错开，任一绑扎接头中心起搭接长度1.3倍区段内，有绑扎接头的受力钢筋截面面积占钢筋总面积百分率不得超过25%，受压区不超过50%。
（7）钢筋配料表有时会成为钢筋用量争议的依据之一，应注意其作用。

六、现场文明施工
（1）钢筋加工区的钢筋分类摆放整齐，做到一头码齐，正确摆放标识牌。
（2）钢筋料头集中回收，保持加工区干净整齐。
（3）正确施工机械设备，定期维护保养。

| 技术负责人： | 交底人： | 接收人： |

（2）钢筋绑扎技术交底，见表3.6。

表3.6 钢筋绑扎技术交底

工程名称	×××项目	交底部位	A1-16#、18#、59#-62##楼
分项工程名称	钢筋绑扎	交底日期	2009-03-1

交底内容

一、施工准备

1. 成型钢筋、20~22号火烧丝、成品钢筋马凳、固定墙双排钢筋间距的支撑筋，以及理石垫块、绑扎工具（如钢筋钩、带板口的撬棍）。

2. 作业条件

（1）按施工图中指定位置，把成品钢筋按规格、部位、编号及绑扎顺序分别加垫木堆放好。

（2）核对图纸、料单、料牌与实物在钢号、规格、尺寸、形状、数量上是否一致。

（3）清理好垫层（基础钢筋绑扎时）做好抄平、放线工作，即标明墙、柱、梁、楼梯等部位的水平标高和详细尺寸。

（4）如地下水位较高时，必须有降水、排水措施（基础钢筋绑扎时）。

（5）根据弹好的线检查下层预留搭接钢筋的位置、数量、长度，如不符合设计规范要求时应及时处理，同时浮在钢筋上的水泥沙浆等污垢应清理干净。

（6）施工缝的处理应符合设计、规范要求，且不得有浮子和浮浆现象。

（7）模板安装好后，并清除模内杂物，做好自检与交接检的工作。

（8）吃透图纸内容，确定研究好安装绑扎顺序。

二、操作工艺

1. 柱子钢筋绑扎

（1）按图纸要求间距，计算好每根柱箍筋数量，接着将成形箍筋套在下层伸出的搭接筋上（纵向钢筋伸出楼面的高度应符合设计及规范要求），然后接柱子纵向钢筋，柱子纵向钢筋搭接形式两种：一为绑扎接头（$d<22$ mm），二为焊接接头。当采用绑扎接头，在搭接长度内不得少于3个扎丝且绑扎头要向里；当采用焊接时，也应满足设计要求。

（2）在立好的柱子纵筋上用粉笔画出箍筋间距，然后将已套好箍筋往上移动，由上往下宜采用缠扣绑扎，箍筋与主筋垂直，箍筋转角与主筋交点应弯成135°，如箍筋采用90°搭接时，应予焊接，焊接长度$10d$。

（3）柱基、柱顶、梁柱交接等处，箍筋间距应按设计要求加密。

（4）柱筋保护层垫块应采用塑料卡环固定在柱子的立筋外皮上，以保证保护层厚度。

（5）当截面尺寸变化时，柱筋收缩位置、尺寸应符合设计要求。

（6）如设计要求，箍筋设拉筋，拉筋应钩住箍筋，拉筋弯钩应为135°，以确保抗震要求。

（7）框架底层柱、剪力墙加强部位纵筋接头对一、二级抗震等级应采用焊接接头，对三级抗震，宜采用焊接接头。

2. 墙钢筋绑扎

（1）墙钢筋绑扎顺序是先绑暗柱再绑墙。在墙钢筋绑扎时，应根据弹好的线，调整竖向钢筋的保护层、间距。接着先立2~4根竖筋，与下层伸出的搭接钢筋绑扎，画好水平筋的分隔标志，然后于下部绑两根横筋定位，并在横筋上画好标志，再绑其余竖筋，最后再绑其余横筋、竖筋。

（2）墙钢筋应逐点绑扎。双排钢筋网之间应绑间距支撑筋，其纵筋间距不宜大于600 mm，钢筋外皮应绑好垫块。

（3）墙水平筋在两端头、转角、丁字节点、L 节点、十字节点、连梁等部位的锚固长度、形状及洞口周边加筋，均应符合设计要求。

（4）封模时，应派钢筋工配合木工封模，调整钢筋间距、排距及保护层，以保证墙的质量。

3. 梁钢筋绑扎

（1）模内绑扎时。

① 首先在主梁模板上按图纸尺寸画好箍筋间距或在已摆放好的主筋上画好箍筋间距。

② 主筋穿好箍筋，按已画好的间距逐个分开，再固定主筋和弯起筋，然后穿次梁弯起筋和主筋并套好箍筋，放主梁架立筋、次梁架立筋，隔一定距离将梁底主筋与箍筋绑扎，而后绑架立筋，最后再绑主筋。主梁次梁同时配合进行。

③ 箍筋弯钩叠合处，在梁中应交错绑扎，箍筋弯钩应为 135°。如做成封闭式，应予焊接，焊接长度为单面焊 10d。

④ 梁的上部纵筋净距不应小于 30 mm，也不应小于 1.5d，梁的下部纵向受力钢筋的净距不应小于 25 mm，也不应小于 d。当构件中下部钢筋配置多于两层时，从第三层起，钢筋水平向的中距应比下面两层的中距大 1 倍。

⑤ 弯起筋和负弯起筋位置要准确，梁与柱交界处，梁钢筋锚入柱内要满足设计要求。

⑥ 梁钢筋绑扎好后，应在梁主筋下面垫好埋石垫块，以保证主筋保护层厚度。梁两侧箍筋安装塑料卡环，以确保梁两侧钢筋保护层。

（2）模外绑扎时

主梁钢筋也可先在楼板模板上绑扎，然后入模。其方法是将主梁需穿次梁的部位抬高，再在次梁梁口搁两根横杆，把次梁钢筋铺在横杆上，按箍筋间距画线，再套箍筋按线摆开，抽换横杆，降下部纵向钢筋落入箍筋内，可按架立筋、弯起筋、受拉筋的顺序和箍筋绑扎，然后将骨架抬起抽横杆，最后将梁骨落入模内。落梁时注意垂直方向梁位置及柱位置，不能移位。

4. 板钢筋绑扎

（1）清扫模板上的杂物，调整梁钢筋两边的保护层，用粉笔在模板上标出钢筋的规格、尺寸、间距。

（2）按画好的间距，先摆放受力筋，后放分布筋或受力筋（双层钢筋网）。梁或板中分布筋的数量与受力筋有关，它的截面面积不应小于受力钢筋截面面积的 10%，其间距不应大于 300 mm。分布筋应设于受力钢筋内侧，并与受力钢筋垂直。

（3）预埋套管、电线管、预埋铁件及时配合安装。

（4）绑扎负弯矩钢筋（保证端部顺直）或上层钢筋网（双层钢筋网），最后在主筋下垫好垫块。

（5）板、次梁、主梁交叉处，板钢筋在上，次梁居中，主梁钢筋在下。当有圈梁或垫梁时，主梁钢筋在上。

5. 楼梯绑扎

（1）在楼梯段底模上画出主筋和分布筋的位置线。

（2）根据图纸设计主筋、分布筋的方向，先绑扎主筋后绑分布筋，每个交点均绑扎。如有楼梯梁时，先绑梁后绑板筋，且板筋要锚固到梁内（楼梯梁为插筋时，梁钢筋应与插筋焊接）。

（3）底板钢筋绑扎好后，待踏步模板支好后再绑扎踏步钢筋，最后垫好垫块和马凳。

三、应遵守的主要标准

（1）钢筋的品种和质量、力学性能必须符合设计和规范要求。

（2）带有颗粒或片状老锈钢筋，经除锈后仍有麻点，严禁按原规格使用，钢筋表面应清洁。

（3）钢筋的规格、形状、尺寸、数量和锚固长度、接头位置必须符合规范要求和规定。
（4）钢筋对焊接接头的机械性能结果必须符合钢筋焊接及验收规范。
（5）缺扣、松扣的数量不超过绑扎的10%，且不宜集中。
（6）弯钩的朝向应正确，绑扎接头位置、搭接长度应符合施工规范的规定。
（7）箍筋的间距、数量应符合设计要求。有抗震要求时，弯钩角度为135°或90°封闭焊接。
（8）钢筋对焊接头无烧伤或横向裂纹，焊包均匀，对焊接头弯折不大于4°，对焊接头处钢筋轴线偏移不大于0.1d且不大于2 mm。
（9）允许偏差项目见下表：

	项目		允许偏差/mm
1	网的长度、宽度		±10
2	网眼尺寸		±20
3	骨架的宽度、高度		±5
4	骨架的长度		±10
5	受力钢筋	间距	±10
		排距	±5
6	箍筋、构造筋间距		±20
7	钢筋弯起点偏移		20
8	焊接预埋件	中心线偏移	5
		水平高差	+3，-0
9	受力钢筋保护层	基础	±10
		梁柱	±5
		墙板	±3

四、成品保护

（1）钢筋绑扎好后，不准踩踏撞击钢筋。混凝土浇筑过程中，应当派专人值班，随时调整被破坏的钢筋。
（2）楼板钢筋绑扎好后，在钢筋上铺设施工道路，不准踩在钢筋上面行走。在浇捣混凝土前一定要保持原状，并派专人整理。
（3）涂隔离剂、脱模剂时不要污染钢筋。
（4）安装电线管、水暖管线或其他设施时不得任意切断和碰撞钢筋。

五、应注意的质量问题

（1）柱子和剪力墙钢筋移位：在混凝土浇筑前应检查钢筋位置是否正确，并同水平筋、箍筋加以固定，在混凝土浇筑时也应及时修整钢筋的位置。当钢筋有明显的移位时，处理方法应征得设计部门的同意，一般可按1∶6的坡度调整。
（2）梁、主交界处和核心区箍筋间距未加密：绑扎前应先熟悉图纸，绑梁钢筋应先将柱筋套在竖筋上，穿完梁钢筋后再绑扎。
（3）箍筋搭接处未完全弯成135°或封闭箍筋未焊接：现场绑扎应逐个检查，确保135°的弯钩及封闭的箍筋焊接。

（4）梁主筋进支座锚固长度不够，弯起钢筋位置不准：绑扎前线按图纸要求检查，对照已摆好的钢筋是否正确，然后调整绑扎。

（5）板钢筋有效截面不够：绑好后禁止人在上面走动，并按要求垫好马凳、垫块，且在浇筑前整修，检查合格后方可浇筑混凝土。

（6）板钢筋绑扎后不直，位置不准确，负筋端部不在一直线：画线应用直尺并在一面做出标记，绑扎时即时找正找直，绑负筋应带线操作。

（7）柱、墙钢筋骨架不垂直，绑竖向受力钢筋时要吊正后再绑扎。凡是搭接部位要绑3个扣（焊接接头时，弯折度不大于4°），层高超过4 m的墙，要搭设架子绑扎，并采取固定钢筋的措施，绑好后用线锤吊正。

六、工程处罚条例

（1）钢筋制作，安装数量、规格、接头位置，锚固长度，搭接长度不符合设计、规范和图纸要求的，每处罚款200元。

（2）阳台、悬臂钢筋及承担负弯矩的弯曲钢筋不符合要求规定的，每处罚款1 000元。

（3）预埋插筋超差20 mm，漏插1根罚款50元。

（4）绑扎竖向钢筋时不吊线、不垂直造成模板合不上，间距超差，要按规范要求整改到位，并每处罚款300元。

（5）钢筋绑扎不按规范施工，多处出现错绑、漏绑，墙、柱、梁板钢筋位置超差，钢筋保护层过大或过小，垫块或马凳子数量不足或不设置的，每处罚款100元。

（6）钢筋代换不经设计部门同意，私自代换，达不到设计要求的，罚款500元。

（7）绑扎节点松口，少绑，间距超差，每处罚款50元。

（8）钢筋制作随意大料截小料，制作尺寸偏差，达不到规范要求的，每根罚款100元。

（9）混凝土浇筑过程中，无专人看护钢筋，或看护不负责、脱岗的每发现1次罚款100元。

（10）钢筋电渣压力焊，钢筋套筒冷挤压连接接头，镦粗直螺纹钢筋接头，钢筋气压焊接头及搭接焊等接头，经检查不符合规范要求的，每处罚款200元。

未尽事宜请及时与交底人联系！如与上级有关规定相抵触，按上级规定执行。

| 技术负责人： | 交底人： | 接收人： |

7. 钢筋工程检验批验收记录表示例

表 3.7 钢筋原材料检验批质量验收记录

(GB50204-2018) 表 5.2　　　　　　　　　编号：010602（1）/020102（1）□□□

工程名称				分项工程名称		项目经理	
施工单位				验收部位			
施工执行标准名称及编号						专业工长（施工员）	
分包单位				分包项目经理		施工班组长	
质量验收规范的规定				施工单位自检记录		监理（建设）单位验收记录	
主控项目	1	原材料抽检	钢筋进场时应按规定抽取试件作力学性能试验，其质量必须符合有关标准的规定。（第5.2.1条）				
	2	有抗震要求框架结构	纵向受力钢筋的强度应满足设计要求；对一、二级抗震等级，检验所得的强度实测值应符合下列规定：① 钢筋的抗拉强度实测值与屈服强度实测值的比值不应小于1.25；② 钢筋的屈服强度实测值与强度标准值的比值不应大于1.3。（第5.2.2条）				
	3		当发现钢筋脆断、焊接性能不良或力学性能显著不正常等现象时，应对该批钢筋进行化学成分检验或其他专项检验。（第5.2.3条）				
一般项目	1	钢筋表观质量	钢筋应平直、无损伤，表面不得有裂纹、油污、颗粒状或片状老锈。（第5.2.4条）				
施工操作依据							
质量检查记录							
施工单位检查结果评定	项目专业质量检查员：				项目专业技术负责人：　　　　　　年　　月　　日		
监理（建设）单位验收结论	专业监理工程师：(建设单位项目专业技术负责人)　　　　　　年　　月　　日						

010602（1）/020102（1）□□□说明

强 制 性 条 文

5.1.1 当钢筋的品种、级别或规格需作变更时，应办理设计变更文件。

主 控 项 目

5.2.1 钢筋进场时，应按现行国家标准《钢筋混凝土用热轧带肋钢筋》GB1499 等的规定抽取试件作力学性检验，其质量必须符合有关标准的规定。

检查数量：按进场的批次和产品的抽样检验方案确定。

检验方法：检查产品合格证、出厂检验报告和进场复验报告。

5.2.2 对有抗震设防要求的框架结构，其纵向受力钢筋的强度应满足设计要求；当设计无具体要求时，对一、二级抗震等级，检验所得的强度实测值应符合下列规定：

1 钢筋的抗拉强度实测值与屈服强度实测值的比值不应小于1.25；

2 钢筋的屈服强度实测值与强度标准值的比值不应大于1.3。

检查数量：按进场的批次和产品的抽样检验方案确定。

检验方法：检查进场复验报告。

5.2.3 当发现钢筋脆断、焊接性能不良或力学性能显著不正常等现象时，应对该批钢筋进行化学成分检验或其他专项检验。

检验方法：检查化学成分等专项检验报告。

一 般 项 目

5.2.4 钢筋应平直、无损伤，表面不得有裂纹、油污、颗粒状或片状老锈。

检查数量：进场时和使用前全数检查。

检验方法：观察。

注：本表由施工项目专业质量检查员填写，专业监理工程师（建设单位项目技术负责人）组织项目专业质量（技术）负责人等进行验收。

表 3.8 钢筋加工检验批质量验收记录

（GB50204-2018）表 5.3　　　　　编号：010602（2）/020102（2）□□□□

工程名称			分项工程名称		项目经理	
施工单位			验收部位			
施工执行标准名称及编号					专业工长（施工员）	
分包单位			分包项目经理		施工班组长	
质量验收规范的规定			施工单位自检记录		监理（建设）单位验收记录	

<table>
<tr><th colspan="3">质量验收规范的规定</th><th>施工单位自检记录</th><th>监理（建设）单位验收记录</th></tr>
<tr><td rowspan="2">主控项目</td><td>1</td><td>受力钢筋弯钩和弯折</td><td>① HPB235 级钢筋末端应作180°弯钩,其弯弧内直径不应小于2.5d,弯钩的弯后平直部分长度不应小于3d;② 当设计要求钢筋末端需作135°弯钩时,HRB335级、HRB400级钢筋的弯弧内直径不应小于4d,弯钩的弯后平直部分长度应符合设计要求；③ 钢筋作不大于 90°的弯折时,弯折处的弯弧内直径不应小于5d。（第 5.3.1 条）</td><td></td><td></td></tr>
<tr><td>2</td><td>箍筋末端弯钩</td><td>弯钩形式应符合设计要求；当设计无具体要求时：①弯弧内直径除应满足第 1 条的规定外,尚应不小于受力钢筋直径；②弯折角度：对一般结构,不应小于 90°;对有抗震等要求的结构,应为 135°。③箍筋弯后平直部分长度：对一般结构,不宜小于箍筋直径的 5 倍；对有抗震等要求的结构,不应小于箍筋直径的 10 倍。（第 5.3.2 条）</td><td></td><td></td></tr>
<tr><td rowspan="5">一般项目</td><td>1</td><td>钢筋调直</td><td>宜采用机械方法,也可采用冷拉方法。当采用冷拉方法调直钢筋时,HPB235 级钢筋冷拉率不宜大于 4%,HRB335 级、HRB400 级、RRB400 级钢筋的冷拉率不宜大于 1%。（第 5.3.3 条）</td><td></td><td></td></tr>
<tr><td rowspan="4">2</td><td rowspan="4">钢筋加工的允许偏差</td><td>项　目 ／ 允许偏差/mm</td><td></td><td></td></tr>
<tr><td>受力钢筋顺长度方向全长的净尺寸 ／ ±10</td><td></td><td></td></tr>
<tr><td>弯起钢筋的弯折位置 ／ ±20</td><td></td><td></td></tr>
<tr><td>箍筋内净尺寸 ／ ±5</td><td></td><td></td></tr>
</table>

施工操作依据	
质量检查记录	

施工单位检查结果评定	项目专业质量检查员：	项目专业技术负责人： 　　　　　　　　　年　月　日
监理（建设）单位验收结论	专业监理工程师： （建设单位项目专业技术负责人）	年　月　日

010602（2）/020102（2）□□□□说明

主 控 项 目

5.3.1 受力钢筋的弯钩和弯折应符合下列规定：

1 HPB235级钢筋末端应作180°弯钩，其弯弧内直径不应小于钢筋直径的2.5倍，弯钩的弯后平直部分长度不应小于钢筋直径的3倍。

2 当设计要求钢筋末端需作135°弯钩时，HRB335级、HRB400级钢筋的弯弧内直径不应小于钢筋直径的4倍，弯钩的弯后平直部分长度应符合设计要求。

3 钢筋作不大于90°的弯折时，弯折处的弯弧内直径不应小于钢筋直径的5倍。

检查数量：按每工作班同一类型钢筋、同一加工设备抽查不应少于3件。

检验方法：钢尺检查。

5.3.2 除焊接封闭环式箍筋外，箍筋的末端应作弯钩，弯钩形式应符合设计要求；当设计无具体要求时，应符合下列规定：

1 箍筋弯钩的弯弧内直径除应满足本规范第5.3.1条的规定外，尚应不小于受力钢筋直径。

2 箍筋弯钩的弯折角度：对一般结构，不应小于90°；对有抗震等要求的结构，应为135°。

3 箍筋弯后平直部分长度：对一般结构，不宜小于箍筋直径的5倍；对有抗震等要求的结构，不应小于箍筋直径的10倍。

检查数量：按每工作班同一类型钢筋、同一加工设备抽查不应少于3件。

检验方法：钢尺检查。

一 般 项 目

5.3.3 钢筋调直宜采用机械方法，也可采用冷拉方法。当采用冷拉方法调直钢筋时，HPB235钢筋的冷拉率不宜大于4%，HRB335级、HRB400级和RRB400级钢筋的冷拉率不宜大于1%。

检查数量：按每工作班同一类型钢筋、同一加工设备抽查不应少于3件。

检验方法：观察，钢尺检查。

5.3.4 钢筋加工的形状、尺寸应符合设计要求，其偏差应符合表5.3.4的规定。

检查数量：按每工作班同一类型钢筋、同一加工设备抽查不应少于3件。

检验方法：钢尺检查。

表5.3.4 钢筋加工的允许偏差

项　　目	允许偏差/mm
受力钢筋顺长度方向全长的净尺寸	±10
弯起钢筋的弯折位置	±20
箍筋内净尺寸	±5

注：本表由施工项目专业质量检查员填写，专业监理工程师（建设单位项目技术负责人）组织项目专业质量（技术）负责人等进行验收。

表 3.9 钢筋连接检验批质量验收记录-示例

（GB50204-2018）表 5.4　　　　　编号：010602（3）/020102（3）□□□

工程名称				分项工程名称		项目经理	
施工单位				验收部位			
施工执行标准名称及编号						专业工长（施工员）	
分包单位				分包项目经理		班组长	
		质量验收规范的规定		施工单位自检记录		监理（建设）单位验收记录	
主控项目	1	纵向受力钢筋的连接方式	应符合设计要求。（第5.4.1条）				
	2	接头试件	应作力学性能检验，其质量应符合有关规程的规定。（第5.4.2条）				
一般项目	1	接头位置	宜设在受力较小处。① 同一纵向受力钢筋不宜设置两个或两个以上接头。② 接头末端至钢筋弯起点距离不应小于钢筋直径的10倍。（第5.4.3条）				
	2	接头外观质量检查	应符合有关规程规定。（第5.4.4条）				
	3	受力钢筋机械连接或焊接接头设置	宜相互错开。在连接区段长度为35倍 d 且不小于500 mm范围内，接头面积百分率应符合下列规定：① 受拉区不宜大于50%；② 不宜设置在有抗震设防要求的框架梁端、柱端的箍筋加密区；当无法避开时，机械连接接头不应大于50%。③ 直接承受动力荷载的结构构件中，不宜采用焊接接头。当采用机械连接时不应大于50%。（第5.4.5条）				
	4	绑扎搭接接头	按规范要求相互错开。接头中钢筋的横向净距不应小于钢筋直径，且不应小于25 mm。搭接长度应符合规范规定；连接区段$1.3L_L$长度内，接头面积百分率：① 对梁类、板类及墙类构件，不宜大于25%；② 对柱类构件，不宜大于50%。③ 确有必要时对梁内构件不宜大于50%。（第5.4.6条）				
	5	箍筋配置	在梁、柱类构件的纵向受力钢筋搭接长度范围内，应按设计要求配置箍筋。当设计无具体要求时：① 箍筋直径不应小于搭接钢筋较大直径的0.25倍；② 受拉搭接区段的箍筋间距不应大于搭接钢筋较小直径的5倍，且不应大于100 mm；受压搭接区段的箍筋间距不应大于搭接钢筋较小直径的10倍，且不应大于 200 mm；当柱中纵向受力钢筋直径大于25 mm时，应在搭接接头两个端面外100 mm范围内各设置两个箍筋，其间距宜为50 mm。（第5.4.7条）				
		施工操作依据					
		质量检查记录					
施工单位检查结果评定		项目专业质量检查员：　　　　　　　　　　　　　项目专业技术负责人：　　　　　　　　　　　　　　　　　　　　　　　　　　　　　　　　　年　月　日					
监理（建设）单位验收结论		专业监理工程师：（建设单位项目专业技术负责人）　　　年　月　日					

010602（3）/020102（3）□□□说明

主 控 项 目

5.4.1 纵向受力钢筋的连接方式应符合设计要求。

检查数量：全数检查。

检验方法：观察。

5.4.2 在施工现场，应按国家现行标准《钢筋机械连接通用技术规程》JGJ 107、《钢筋焊接及验收规程》JGJ18 的规定抽取钢筋机械连接接头、焊接接头试件作力学性能检验，其质量应符合有关规程的规定。

检查数量：按有关规程确定。

检查方法：检查产品合格证、接头力学性能试验报告。

一 般 项 目

5.4.3 钢筋的接头宜设置在受力较小处。同一纵向受力钢筋不宜设置两个或两个以上接头。接头末端至钢筋弯起点的距离不应小于钢筋直径的 10 倍。

检查数量：全数检查。

检验方法：观察，钢尺检查。

5.4.4 在施工现场，应按国家现行标准《钢筋机械连接通用技术规程》JGJ 107、《钢筋焊接及验收规程》JGJ 18 的规定对钢筋机械连接接头、焊接接头的外观进行检查，其质量应符合有关规程的规定。

检查数量：全数检查。

检验方法：观察。

5.4.5 当受力钢筋采用机械连接或焊接接头时，设置在同一构件内的接头宜相互错开。

纵向受力钢筋机械连接接头及焊接接头连接区段的长度为 35 倍 d（d 为纵向受力钢筋的较大直径）且不小于 500 mm，凡接头中点位于该连接区段长度内的接头均属于同一连接区段。

同一连接区段内，纵向受力钢筋的接头面积百分率应符合设计要求；当设计无具体要求时，应符合下列规定：

1 在受拉区不宜大于 50%。

2 接头不宜设置在有抗震设防要求的框架梁端、柱端的箍筋加密区；当无法避开时，对等强度高质量机械连接接头，不应大于 50%。

3 直接承受动力荷载的结构构件中，不宜采用焊接接头；当采用机械连接接头时，不应大于 50%。

检查数量：在同一检验批内，对梁、柱和独立基础，应抽查构件数量的 10%，且不少于 3 件；对墙和板，应按有代表性的自然间抽查 10%，且不少于 3 间；对大空间结构，墙可按相邻轴线间高度 5 m 左右划分检查面，板可按纵横轴线划分检查面，抽查 10%，且均不少于 3 面。

检验方法：观察，钢尺检查。

5.4.6 同一构件中相邻纵向受力钢筋的绑扎搭接接头宜相互错开。绑扎搭接接头中钢筋的横向净距不应小于钢筋直径，且不应小于 25 mm。钢筋绑扎搭接接头连接区段的长度为 $1.3L_L$（L_L 为搭接长度），凡搭接接头中点位于该连接区段长度内的搭接接头均属于同一连接区段。

同一连接区段内，纵向受拉钢筋搭接接头面积百分率应符合设计要求；当设计无具体要求时，应符合下列规定：

1 对梁类、板类及墙类构件，不宜大于 25%。

2 对柱类构件，不宜大于 50%。

3 当工程中确有必要增大接头面积百分率时，对梁类构件，不应大于 50%；对其他构件，可根据实际情况放宽。纵向受力钢筋绑扎搭接接头的最小搭接长度应符合本规范附录 B 的规定。

检查数量：在同一检验批内，对梁、柱和独立基础，应抽查构件数量的 10%，且不少于 3 件；对墙和板，应按有代表性的自然间抽查 10%，且不少于 3 间；对大空间结构，墙可按相邻轴线间高度 5 m 左右划分检查面，板可按纵、横轴线划分检查面，抽查 10%，且均不少于 3 面。

检验方法：观察，钢尺检查。

5.4.7 在梁、柱类构件的纵向受力钢筋搭接长度范围内，应按设计要求配置箍筋。当设计无具体要求时，应符合下列规定：

1 箍筋直径不应小于搭接钢筋较大直径的 0.25 倍；

2 受拉搭接区段的箍筋间距不应大于搭接钢筋较小直径的 5 倍，且不应大于 100 mm；

3 受压搭接区段的箍筋间距不应大于搭接钢筋较小直径的 10 倍，且不应大于 200 mm；

4 当柱中纵向受力钢筋直径大于 25 mm 时，应在搭接接头两个端面外 100 mm 范围内各设置两个箍筋，其间距宜为 50 mm。

检查数量：在同一检验批内，对梁、柱和独立基础，应抽查构件数量的 10%，且不少于 3 件；对墙和板，应按有代表性的自然间抽查 10%，且不少于 3 间；对大空间结构，墙可按相邻轴线间高度 5 m 左右划分检查面，板可按纵、横轴线划分检查面，抽查 10%，且均不少于 3 面。

检验方法：钢尺检查。

注：本表由施工项目专业质量检查员填写，专业监理工程师（建设单位项目技术负责人）组织项目专业质量（技术）负责人等进行验收。

表 3.10 钢筋安装检验批质量验收记录

（GB50204-2018）表 5.5　　　　　　　　编号：010602（4）/020102（4）□□□

工程名称					分项工程名称		项目经理	
施工单位					验收部位			
施工执行标准名称及编号							专业工长（施工员）	
分包单位					分包项目经理		施工班组长	
	质量验收规范的规定				施工单位自检记录		监理（建设）单位验收记录	
主控项目	钢筋安装时,受力钢筋的品种、级别、规格和数量必须符合设计要求。							
一般项目	钢筋安装位置的偏差	项　目		允许偏差/mm				
		绑扎钢筋网	长、宽	±10				
			网眼尺寸	±20				
		绑扎钢筋骨架	长	±10				
			宽、高	±5				
		受力钢筋	间距	±10				
			排距	±5				
			保护层厚度 基础	±10				
			保护层厚度 柱、梁	±5				
			保护层厚度 板、墙、壳	±3				
		绑扎钢筋、横向钢筋间距		±20				
		钢筋弯起点位置		20				
		预埋件	中心线位置	5				
			水平高差	+3, 0				
施工操作依据								
质量检查记录								
施工单位检查结果评定	项目专业质量检查员：				项目专业技术负责人：　　　　　　　　　年　月　日			
监理（建设）单位验收结论	专业监理工程师：（建设单位项目专业技术负责人）　　　　　　　　　　　　　　　　年　月　日							

010602（4）/020102（4）□□□说明

主 控 项 目

5.5.1 钢筋安装时，受力钢筋的品种、级别、规格和数量必须符合设计要求。

检查数量：全数检查。

检验方法：观察，钢尺检查。

一 般 项 目

5.5.2 钢筋安装位置的偏差应符合表5.5.2的规定。

检查数量：在同一检验批内，对梁、柱和独立基础，应抽查构件数量的10%，且不少于3件；对墙和板，应按有代表性的自然间抽查10%，且不少于3间；对大空间结构，墙可按相邻轴线间高度5 m左右划分检查面，板可按纵、横线划分检查面，抽查10%，且均不少于3面。

表5.5.2 钢筋安装位置的允许偏差和检验方法

项 目			允许偏差/mm	检验方法
绑扎钢筋网	长、宽		±10	钢尺检查
	网眼尺寸		±20	钢尺量连续三档，取最大值
绑扎钢筋骨架	长		±10	钢尺检查
	宽、高		±5	钢尺检查
受力钢筋	间 距		±10	钢尺量两端、中间各一点，取最大值
	排 距		±5	
	保护层厚度	基础	±10	钢尺检查
		柱、梁	±5	钢尺检查
		板、墙、壳	±3	钢尺检查
绑扎箍筋、横向钢筋间距			±20	钢尺量连续三档，取最大值
钢筋弯起点位置			20	钢尺检查
预埋件	中心线位置		5	钢尺检查
	水平高差		+3，0	钢尺和塞尺检查

注：1 检查预埋件中心线位置时，应沿纵、横两个方向量测，并取其中的较大值；
　　2 表中梁类、板类构件上部纵向受力钢筋保护层厚度的合格点率应达到90%及以上，且不得有超过表中数值1.5倍的尺寸偏差。

注：本表由施工项目专业质量检查员填写，专业监理工程师（建设单位项目专业技术负责人）组织项目专业质量（技术）负责人等进行验收。

◆ 实训项目一　钢筋翻样及编制配料单

钢筋翻样是指根据施工图纸，将构件中的各种编号的钢筋，进行下料长度的计算，以利于进行配料的过程叫钢筋翻样，也叫钢筋下料计算，是钢筋工程施工的准备。

1）各种钢筋下料长度计算

（1）直钢筋下料长度 = 构件长度 – 保护层厚度 + 弯钩增加长度。

（2）弯起钢筋下料长度 = 直段长度 + 斜段长度 – 弯曲调整值 + 弯钩增加长度。

（3）箍筋下料长度 = 箍筋周长 + 箍筋调整值。

配料时，有长短钢筋搭配时，需要考虑钢筋搭接，还应增加钢筋搭接长度。

2）弯曲和弯钩调整值

（1）弯曲调整值

钢筋弯曲后的特点：一是在弯曲处内皮收缩、外皮延伸、轴线长度不变；二是在弯曲处形成圆弧。钢筋的量度方法是沿直线量外包尺寸。因此，弯起钢筋的量度尺寸和下料尺寸，这两者之间的差值称为弯曲调整值。弯曲调整值，根据理论推算并结合实践经验考虑。调整值见表3.11。

表3.11　钢筋弯曲调整值

弯曲角度	30°	45°	60°	90°	135°
弯曲调整值	$0.35d$	$0.5d$	$0.85d$	$2d$	$2.5d$

注：d 为钢筋直径。

（2）弯钩增加长度。

钢筋的弯钩形式有3种：半圆弯钩、直弯钩及斜弯钩。半圆弯钩是最常用的一种弯钩。直弯钩只用在柱钢筋的下部、箍筋和附加钢筋中。斜弯钩只用在直径较小的钢筋中。钢筋的弯钩增加长度，见表3.12。

表3.12　钢筋弯钩增加值

弯钩角度	180°	90°	135°
弯钩增加值	$6.25d$	$3.5d$	$4.9d$

计算：半圆弯钩为 $6.25d$，直弯钩为 $3.5d$，斜弯钩为 $4.9d$。机械加工弯钩时，半圆弯钩增加值按 $5d$ 记取。

在生产实践中，由于实际弯心直径与理论弯心直径有时不一致，钢筋粗细和机具条件不同等而影响平直部分的长短（手工弯钩平直部分可适当加长，机械弯钩可适当缩短），因此在实际配料计算时，对弯钩增加长度常根据具体条件，采用经验数据。

(3)弯起钢筋斜长调整值,如表 3.13 所示。

表 3.13 弯起钢筋斜长计算见

弯起角度	$\alpha=30°$	$\alpha=45°$	$\alpha=60°$
斜长 s	$2h_0$	$1.41h_0$	$1.15h_0$
底边长 l	$1.732h_0$	h_0	$0.575h_0$
增加长度 $s-l$	$0.268h_0$	$0.41h_0$	$0.575h_0$

注:h_0 为弯起高度,a 为构建混凝土保护层厚度,如图 3.5 和图 3.6 所示。

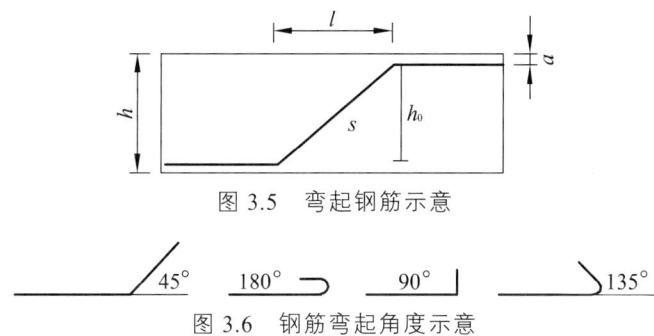

图 3.5 弯起钢筋示意

图 3.6 钢筋弯起角度示意

3)编制配料单

为了便于钢筋工程施工的有序进行,防止出现差错,且有利于钢筋施工安装过程的顺利进行,要对同类构建所使用的钢筋进行批量加工,因而要编写配料单。配料单的内容包括钢筋编号、直径、数量、简图、质量等内容。配料单和配料牌相结合使用,其在施工中起到的作用分别是:配料单由工程技术人员编写,便于工程量累计和技术指导;配料牌根据配料单下发给现场的钢筋加工人员,便于钢筋的加工和钢筋的安装。

4)箍筋下料长度

箍筋弯钩的弯弧内直径,除应满足与受力钢筋的弯钩和弯折相同的规定外,尚应不小于受力钢筋直径。

箍筋弯钩的弯折角度:对一般结构,不应小于 90°;对有抗震等要求的结构,应为 135°,如图 3.7 所示。

箍筋弯后平直部分长度:对一般结构,不宜小于箍筋直径的 5 倍;对有抗震等要求的结构,不应小于箍筋直径的 10 倍。箍筋的下料长度可按上述公式计算。

为了计算方便,一般将箍筋弯钩增加长度和弯折量度差值两项合并成一项箍筋调整值

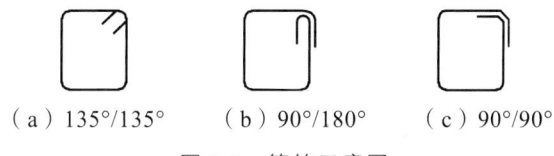

(a)135°/135°　(b)90°/180°　(c)90°/90°

图 3.7 箍筋示意图

箍筋调整值，即为弯钩增加长度和弯曲调整值两项之差或和，根据箍筋量外包尺寸或内皮尺寸确定，取值可见表 3.14。

表 3.14 箍筋调整值　　　　　　　　　　　　　　　　　　单位：mm

箍筋直径	4～5	6	8	10～12
量外包尺寸	40	50	60	70
量内皮尺寸	80	100	120	150～170

1. 实训任务

请完成某建筑工程中 KL1 钢筋的配料计算，给出配料单。框架梁局部配筋图如图 3.8 所示。

说明：

（1）该结构抗震等级为三级抗震设防；钢筋锚固情况参照 16G101-1《混凝土结构施工图平面整体表示方法制图规则和构造图集》（以下简称"16G101-1 图集"）执行。

（2）梁柱混凝土强度等级均为 C30，混凝土保护层厚度均为 25 mm，柱外侧纵筋 d_c = 22 mm。

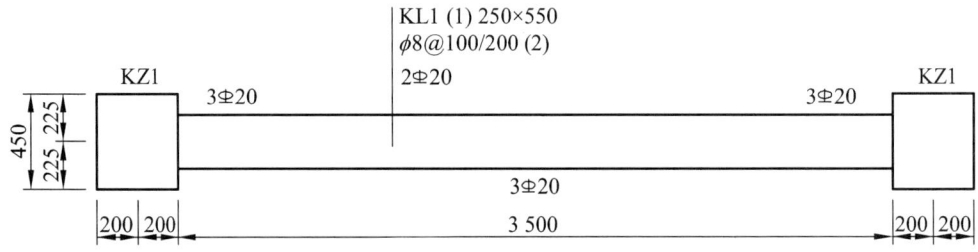

图 3.8　框架梁局部配筋图（单位：mm）

2. 任务准备

16G101-1 图集、绘图纸、绘图笔、尺子，配料表等。

3. 操作流程

（1）结合 16G101-1 图集识读 KL1 平法施工图，理解给出的工程信息的意义。

（2）根据给出的 KL1 平法施工图绘制其立面钢筋排布图和截面钢筋排布图。绘图步骤如下：

① 查看该框架梁的结构配筋图，确定与柱（墙或梁）的定位关系，必要时要查看柱（墙或梁）的定位图。

② 绘制框架梁的外轮廓线，标注梁的跨长和净跨长。

③ 查看该框架梁的平法标注，按照钢筋排列表的顺序，一边计算锚固长度、延伸长度和箍筋加密区长度，一边绘制立面钢筋排布图，可参考表 3.15。

表 3.15　一般框架梁中钢筋排布参照表

跨位	钢筋位置	钢筋名称	钢筋构造	备注
第一跨	上部	上部通长筋		16G101-1 图集
		左支座负筋（端支座）		
		右支座负筋（中间支座）		
	下部	下部筋		
	中部	侧面构造钢筋		
		受扭钢筋		
	附加箍筋、吊筋			
第二跨（中间跨）	按照第一跨的右侧钢筋构造考虑			
……				

④ 在立面钢筋排布图上确定剖断图，再绘制剖断面处的截面钢筋排布图。确定剖断面的原则是：第一，纵向钢筋直径或根数发生了变化；第二，截面尺寸发生了变化。

（3）关键部位钢筋长度的计算。

框架梁端支座负筋柱内锚固：$\{\geqslant 0.41L_{ae}$；$\geqslant 0.5$ 支座宽度$+5d$；$\geqslant$ 支座宽度-柱保护层厚度-柱纵筋直径-柱纵筋间距$\}$，见表 3.16。

表 3.16　钢筋长度计算结果填入钢筋长度计算表

跨位	钢筋	关键部位钢筋长度计算	分析
第一跨	左支座负筋锚固长度	$\geqslant 0.41L_{ae}=$ $\geqslant 0.5$ 支座宽度$+5d=$ $\geqslant$ 支座宽度-柱保护层厚度-柱纵筋直径-柱纵筋间距$=$	参见 16G101 图集
	左支座负筋伸入梁内长度	……	
	右支座负筋伸入梁内长度	……	
	下部筋左端锚固长度	……	
	下部筋右端锚固长度	……	
第二跨	上部筋	……	
	下部筋	……	
第三跨		……	
第四跨		……	
……		……	
侧向构造筋		……	
箍筋		……	

4. 操作要求及验收标准

1）操作要求

（1）提前算出各流水段钢筋用量。

（2）确保料单正确无误。

（3）料单要充分考虑模数。常用的原材9 m，12 m，模数范围应在1.2，1.5，1.8，2.3，4，6，9，13.5，15，18等。

（4）要监督加工人员优化料单，不得随意使用原材。一个合格的后台下料人员拿到料单后会进行深化，全局化优化料单。通常是先下长料，再下短料，先下多的再下少的等。

（5）根据现场已有废料，制定废料再利用料单，增加废料利用率。

（6）加强成品保护，避免错用乱用，下好的料应挂牌，合理堆放。

2）验收标准

验收标准见表3.17。

表3.17 验收标准

序号	评价内容	评价标准	分值	得分
1	对图纸的理解	能够整体把握图纸、理解图纸	15	
2	平法知识	已掌握平法基本知识内容	15	
3	钢筋排布图	能够根据平法配筋图正确绘制出立面钢筋排布图和截面钢筋排布图	30	
4	尺寸计算和标注	能够正确计算尺寸、标注尺寸	30	
5	绘图规范整洁	能够按照制图标准正确绘制	10	
总得分				

5. 学生工作单、钢筋下料单

（1）学生工作单，如表3.18。

表3.18 学生工作单-钢筋翻样及编制配料单

工程名称		任务名称	框架梁的识读
班级		姓名	完成日期
任务	复习16G101-1图集中关于框架梁的制图规则及钢筋构造要求。 读懂施工图中框架梁平法施工图所表达的含义，明确柱与梁之间的相对关系，各梁的定位尺寸、截面尺寸、标高、钢筋、材料等级、保护层厚度等。 复习框架梁平法表示方法——集中标注和原位标注。能够正确读懂梁各截面的纵筋、箍筋、腰筋等配置情况。 能绘制KL1的立面钢筋排布和截面钢筋排布图。 能对KL1中所有钢筋进行钢筋翻样及下料计算。		

(2)钢筋下料单,如表3.19。

表3.19 钢筋下料单-钢筋翻样及编制配料单

构件名称	钢筋编号	简图	钢号	直径	下料长度	单位根数	合计根数	重量/kg
KL-1	①							
	②							
	③							
	④							
	⑤							
	⑥							
	⑦							
	……							

◆ 实训项目二 箍筋加工

1. 实训任务及教学要点

请完成本单元实训项目一中箍筋的加工(请务必核对计算结果,在保证计算结果正确的前提下加工)。

2. 任务准备

1)材料准备

根据钢筋下料单,按小组领取钢筋及辅助材料。

(1)钢筋的品种、规格需符合设计要求,应具有产品合格证、出厂检验报告和进场按规定抽样复试报告。

(2)根据构件截面配筋图,计算下料长度,整理成加工箍筋一览表见表3.20。

表3.20 箍筋加工一览表

序号	构件名称	箍筋直径	箍筋简图	下料长度	图纸数量	实训数量	备注
1							
2							
3							
…							

(3)当加工过程中发现钢筋脆断、焊接性能不良或力学性能显著不正常时,应对该批钢

筋进行化学成分检验或其他专项检验。

2）工艺准备

（1）钢筋除锈：人工除锈。人工除锈的常用方法一般是用钢丝刷、沙盘、麻袋布等轻擦或将钢筋在沙堆上来回拉动除锈。

（2）钢筋调直：机械调直。

（3）钢筋切断：手工切断。

（4）钢筋弯曲成型：手工弯曲成型。

3．操作流程

（1）熟悉箍筋加工一览表。

（2）视情况进行除锈、调直。

（3）按加工箍筋一览表中的下料长度分别进行断料。

（4）画线。在下料好的钢筋上根据弯曲点位置进行画线。画线从钢筋中间开始，具体步骤如图 3.9、图 3.10 所示。

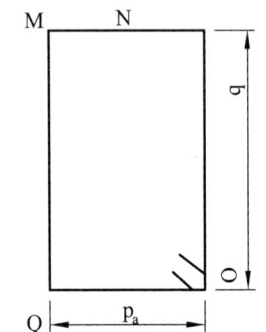

图 3.9　箍筋下形状尺寸示意图

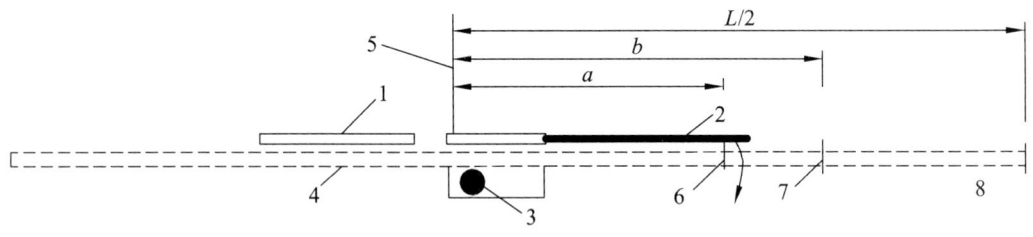

图 3.10　箍筋画线示意图

① 以 L 表示箍筋下料长度的话，第一步在 $L/2$ 处画 M 点；

② 从 M 点处往右 $a-2\times 2d/2$ 画 N 点；

③ 从 N 点往右 $b-2d/2-d$ 画 O 点；

④ 从 M 点处往左 $b-2d/2-d$ 画 Q 点；

⑤ 从 Q 点往左 $a-2\times 2d/2$ 画 P 点；

⑥ P，Q 点处为 135°弯钩，可以从钢筋端头扣除一半弯折量度差值进行校核。

（5）画线后进行弯曲加工。请扫码观看箍筋全自动、后动制作视频。

由于箍筋形状简单且根数较多，为避免在各根钢筋上重复画线，一般在工作台上标出离板外缘钢筋 1/2 长、长边、短边尺寸，边量边弯即可，如图 3.10 所示。步骤如下：对应箍筋 $L/2$ 处弯 90°，在此弯曲点左右侧分别按短边长度 a、长边长度 b 标识弯 90°，再分别继续按长边长度 b、短边长度 a 标示弯 135°弯钩。

箍筋制作视频

实训中，应先至少试弯一根，复核尺寸合格后，再批量弯制。

4. 质量要求及验收标准

（1）扳手托平，不让钢筋翘曲。

（2）弯曲点对准放正，板距正确，保证箍筋形状、尺寸准确。

（3）箍筋弯弧内径不应小于 $4d$，且不应小于受力钢筋直径。弯后平直长度不应小于 $10d$。

5. 学生工作单、箍筋加工验收表

（1）学生工作单——箍筋加工，如表 3.21。

表 3.21 学生工作单——箍筋加工

实训项目	箍筋加工	实训时间		实训地点			
姓名		班级		指导教师		成绩	
知识要点				评分权重30%		得分：	
1. 箍筋的作用有哪些？							
2. 箍筋的形状及尺寸如何获取？							
3. 箍筋的数量如何获取？							
4. 箍筋在梁、柱中如何布置？							
5. 箍筋尺寸加工偏大、偏小时有何影响？							
操作要点				评分权重50%		得分：	
1. 箍筋画线方法？							
2. 手动加工箍筋用哪些工具？							
3. 箍筋加工后如何检测尺寸的符合性？							
4. 如何对加工后的箍筋进行存放？							
实训的收获、遇到的问题及处理、有何可以改进的地方？				评分权重20%		得分：	

（2）箍筋加工验收表，如表 3.22。

表 3.22 箍筋加工验收评分表

工位号：　　　　　　　　　组长：　　　　　　　　　日期：

序号	检验内容	要求及允许偏差	检验方法	验收记录	分值	得分
1	工作程序	按正确的加工程序	巡查		10	
2	内径尺寸	偏差不大于±5 mm	尺量		10	
3	末端弯钩	角度：135°	角度尺		10	
		弯曲直径：不小于4d且不小于受力钢筋直径	尺量		10	
		平直段长度：不小于10d	尺量		10	
4	四角角度	90°	角度尺		10	
5	平整度	不扭曲	检查		10	
6	安全文明施工	无安全事故、无危险动作、工具完好、场地整洁	巡查		10	
7	施工进度	按时完成	巡查		10	
8	团队精神	人人参与、分工协作	巡查		10	
		总分			100	
组员签名						

◆ 实训项目三　梁筋绑扎安装

1. 实训任务

请完成某建筑工程中 KL1 钢筋骨架绑扎安装。框架梁局部配筋图如下图 3.11 所示。
说明：
（1）梁柱混凝土强度等级均为 C30，混凝土保护层厚度均为 25 mm。
（2）该结构抗震等级为三级抗震设防。
（3）钢筋锚固情况参照 16G101-1 图集执行。

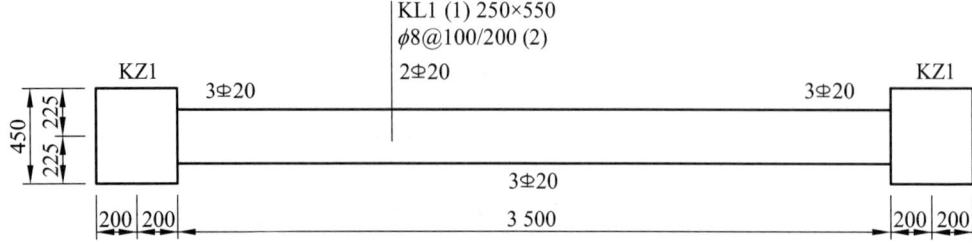

图 3.11　梁筋平法示意图（单位：mm）

变换为传统表达如图 3.12 所示。

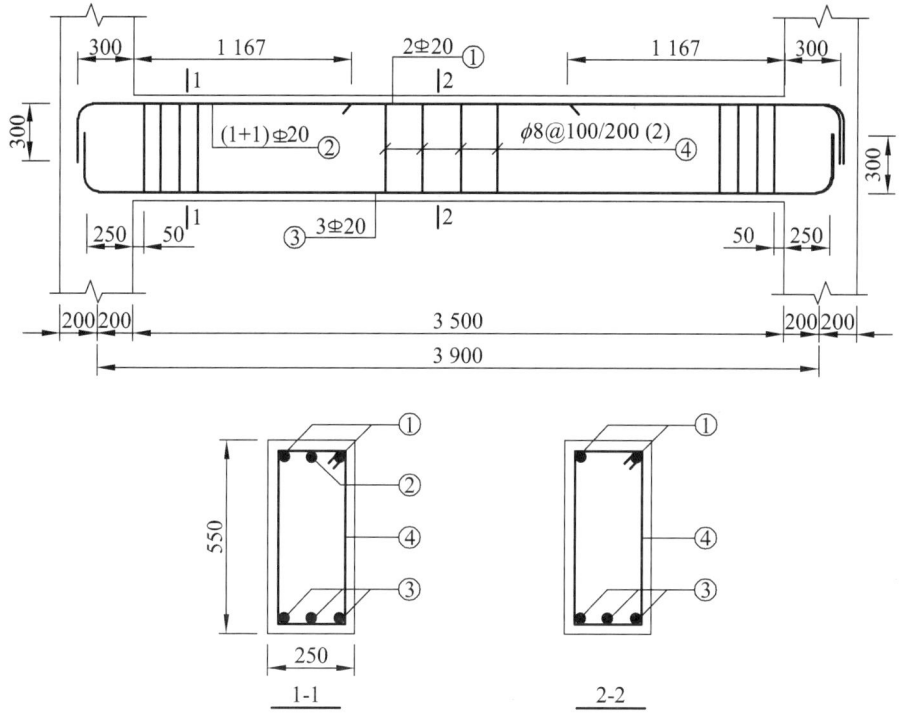

图 3.12 梁筋纵、横截面排布示意图（单位：mm）

往届学生实训场景如图 3.13~图 3.16 所示。

图 3.13 梁钢筋绑扎实训结束合影

图 3.14 分组进行梁筋绑扎

图 3.15 老师核查绑扎情况

图 3.16 学生在绑扎箍筋

2. 任务准备

（1）材料计划：钢筋配料单（每个工位）如表 3.23 所示。

表 3.23 梁筋绑扎——钢筋配料单

构件名称	钢筋编号	简图	直径/mm	钢号	下料长度	根数
KL1	①	300 ⌐────4 100────⌐ 300	20	B		2
	②	300 │────1 467────	20	B		2
	③	300 └────4 000────┘ 300	20	B		3
	④	500 × 200	8	A		26

注：① 以上简图尺寸均为外包尺寸；
② 主筋弯心圆直径为 160 mm；
③ 箍筋弯心圆直径为 20 mm。

（2）工具清单（每个工位）如表 3.24。

表 3.24 梁筋绑扎——工具清单表

工具名称	数量
安全帽	2 顶
绑扎钩	2 把
粉笔	2 只
卷尺	1 把
撬棍	2 根
绑扎架	2 个

3. 操作流程

（1）根据钢筋下料单，依次核对钢筋的品种、规格、形状、尺寸和数量。

（2）梁钢筋绑扎步骤，见图 3.17～图 3.20。

立两端支架—将上部纵筋放置支架上—用粉笔在上部纵筋上画出箍筋位置线—将箍筋套入上部纵筋（弯钩叠合处应交错布置）—将下部纵筋穿入箍筋—按画线位置绑扎箍筋。

图 3.17 立支架、挂上部纵筋

图 3.18 在纵筋上划出箍筋位置线

图 3.19 将箍筋套入上部纵筋

图 3.20 箍筋交错布置示意图

梁筋安装绑扎操作流程及细节请扫码学习:纵筋划线,放上部纵筋后挂箍筋;箍筋与上部纵筋交叉点绑扎;穿下部纵筋;箍筋与下部纵筋交叉点绑扎。

绑扎操作流程

4. 质量要求及验收标准

1)主控项目

(1)钢筋的品种和质量必须符合设计要求和有关标准的规定。

(2)钢筋的表面必须清洁。带有颗粒状或片状老锈,经除锈后仍留有麻点的钢筋,严禁按原规格使用。钢筋表面应保持清洁。

(3)钢筋规格、形状、尺寸、数量、锚固长度、接头位置,必须符合设计要求和施工规范的规定。

(4)钢筋对焊接头的机械性能结果,必须符合钢筋焊接及验收的专门规定。

2)一般项目

(1)缺扣、松扣的数量不超过绑扣数的10%,且不应集中。

(2)弯钩的朝向应正确,绑扎接头应符合施工规范的规定,搭接长度不小于规定值。

(3)箍筋的间距数量应符合设计要求。有抗震要求时,弯钩角度为135°,弯钩平直长度为$10d$。

（4）钢筋对焊接头，Ⅰ、Ⅱ、Ⅲ级钢筋无烧伤和横向裂纹，焊包均匀。对焊接头处弯折不大于4°，对焊接头处钢筋轴线的偏移不大于0.1d，且不大于2 mm。

3）应注意的质量问题

（1）钢筋现场安装时应与模板工程的安装相配合，并保证保护层的厚度。
（2）梁的钢筋一般在梁底模安装好后再安装或绑扎。
（3）钢筋的交叉点应全部采用扎丝扎牢。
（4）梁和柱的箍筋，除设计有特殊要求外，应与受力钢筋垂直设置；箍筋弯钩叠合处，应沿受力钢筋方向错开设置；
（5）梁、柱核心区箍筋应加密，熟悉图纸按要求施工。
（6）按设计要求检查箍筋弯钩形式及平直段长度。

5．学生工作单、梁钢筋绑扎安装验收表

（1）学生工作单，如表3.25。

表3.25 学生工作单——梁钢筋绑扎

实训项目	钢筋绑扎	实训时间		实训地点			
姓名		班级		指导教师		成绩	
知识要点				评分权重30%		得分：	
1. 钢筋的接头形式有哪些？							
2. 钢筋的接头位置有什么要求？							
3. 什么是钢筋接头面积百分率？有什么要求？							
4. 什么连接区段？各类接头连接区段长度是多少？							
操作要点				评分权重50%		得分：	
1. 钢筋绑扎手法有哪些？常用哪种？							
2. 梁筋绑扎安装的步骤？							
3. 给出梁内受力筋非连接区域。							
4. 箍筋起步距离是多少？							
5. 钢筋连接质量控制项目有哪些？							
实训的收获、遇到的问题及处理的方法、有何可以改进的地方？				评分权重20%		得分：	

（2）梁钢筋绑扎安装验收表，如表3.26。

表3.26 梁钢筋绑扎安装验收表

姓名：　　　　　序号：　　　　　工位号：　　　　　成绩：

序号	项　目	允许偏差	检查方法	标准分	验收记录	得分
1	整体质量感观		查看	10		
2	钢筋骨架长	±10 mm		5		
3	钢筋骨架宽、高	±5 mm		5		
4	保护层厚度	±5 mm		5		
5	主筋数量	按图	查看	10		
6	主筋间距	±10 mm	钢尺检查	5		
7	主筋排距	±5 mm		5		
8	箍筋间距	±20 mm	钢尺检查	5		
9	两端箍筋起始位置	±10 mm	钢尺检查	5		
10	箍筋加密区范围	按规范	钢尺检查	5		
11	松绑、漏扎		查看	5		
12	弯钩的朝向	按规范	查看	5		
13	箍筋叠合的位置	应间隔	查看	5		
14	箍筋垂直度	±3°	查看	5		
15	施工进度	按时完成	查看	5		
16	团队精神	人人参与分工协作	查看	5		
17	安全文明施工	无危险动作，工具完好，场地整洁	查看	10		
总分				100		
组员签名						

单元4　模板工实训

通过模板工实训，学生能了解普通模板工程支撑体系的组成和基本要求；掌握模板和支撑体系拆除的工艺流程；熟悉木模板工程常用工具的使用方法；了解基础、柱、梁等结构构件模板安装的基本操作技能；熟悉施工质量验收规范的基本要求，能运用常用检测方法进行模板工程施工质量评定。

◆ 实训准备及注意事项

1. 模板常用工具

模板工常用的工具有锤子、撬棍、活动扳手、对拉螺杆（图4.1）、电钻（图4.2）、靠尺、线锤、小型撬杠（图4.3）、木工机床（图4.4）、钉锤、钢卷尺等。

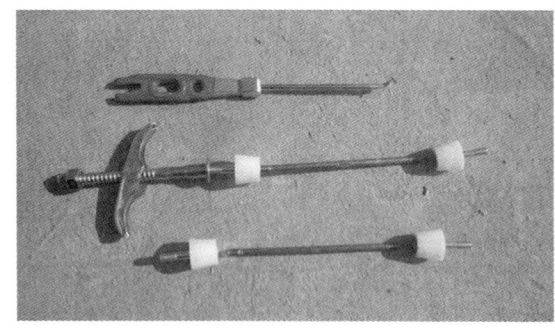

图4.1　对拉螺杆

图4.2　电钻

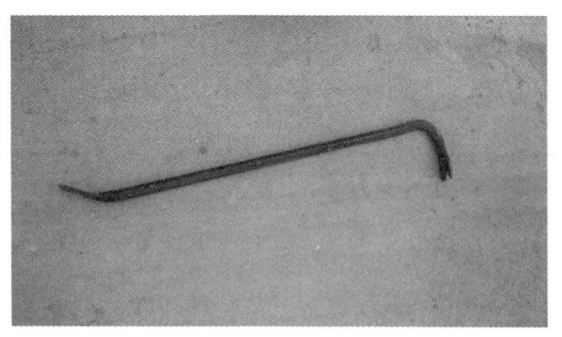

图4.3　拆模用小型撬杠

图4.3　木工机床

2. 实训材料

胶合板（图 4.5）、木方（图 4.6）、钢管支撑、铁丝、铁钉及其他配件。

图 4.5　胶合板

图 4.6　木方

3. 模板工程操作技术要求

（1）作业人员必须正确使用防护用品，着装整齐，扎紧袖口，穿防滑鞋。

（2）安全梯不得缺档，不得垫高。安全梯上端应绑牢，下端应有防滑措施，人字梯底脚必须拉牢。严禁两名以上作业人员在同一梯上作业。

（3）支、拆模板作业高度在 2 m 以上（含 2 m），必须搭设脚手架，按要求系好安全带。

（4）作业时，配件及模板严禁上下抛掷，配件及手用工具应放入工具袋内，不得乱扔乱放，扳手应用小绳系在身上，使用的铁钉不得含在嘴中。

（5）严禁操作者站在钢模、钢管或不稳固、不安全的物体上进行作业，作业面下方严禁站人或通行。

4. 注意事项

（1）认识模板工施工的常用工具和机械设备，阅读设备操作使用说明书，做好工具、机械的保养和维修。

（2）作业前检查使用的工具是否存在隐患，如手柄有无松动、断裂等。手持电动工具的漏电保护器应试机检查，合格后方可使用，操作时应戴绝缘手套。

（3）使用手锯时，锯条必须调紧适度，实训结束时要放松，防止再使用时突然断裂伤人。

（4）模板不得使用腐朽、开裂的材料。

（5）成品、半成品木材应堆放整齐，不得任意乱放，木材码放高度不超过 1.2 m 为宜。

（6）作业中应随时清扫木屑、刨花等杂物，并送到指定地点堆放。

（7）木工场和木质材料堆放场地严禁烟火，并按消防部门的要求配备消防器材。

（8）实训操作结束后将余料堆放整齐，操作现场清扫干净，并将工具清洗、擦干收好。

5. 模板工程技术交底

（1）模板工程技术交底示例如表 4.1。

表 4.1 模板工程技术交底

工程名称	××工程	交底部位	A1-16#、18#、59#-62#楼
分项工程名称	模板工程	交底日期	2019-3-1

交底内容

一、材料要求

（1）竹胶板模板尺寸为：1220 mm×2440 mm，厚度 12 mm。

（2）方木尺寸：50 mm×80 mm，要求规格统一，尺寸规矩，表面平直。

（3）穿墙螺栓：采用 ϕ12 以上 I 级钢筋，两端套丝扣。

二、模板安装

（1）模板安装应按编制的模板设计文件和施工技术方案施工，模板及其支架应具有足够的承载能力、刚度和稳定性，能可靠的承受浇注混凝土的重量、侧压力及施工荷载，不变形、不出现倾覆和失稳。

（2）模板轴线放线后，应有专人进行技术复核无误后方可支模。

（3）模板安装的根部及顶部应设标高标记，并设限位措施，确保标高尺寸准确。

（4）支模时应拉水平通线，设竖向垂直度控制线，确保横平竖直，位置正确。

（5）柱子支模前必须先校正钢筋位置。成排柱支模时应先立两端柱模，在底部弹出通线，定出位置并兜方找中，校正与复核位置无误后，顶部拉通线，再立中间柱模。柱箍间距按柱截面大小及高度决定，一般为 400～500 mm，第一道柱箍离楼面距离为 200 mm。根据柱距选用剪刀撑，水平撑及四面斜撑撑牢，保证柱模模板位置准确。支撑钢管立杆与底板、楼板接触面必须垫木板，楼层上下管架要对正。管架、扣件安装、拆卸要轻拿轻放，保护成品地面。

（6）对跨度大于 4 m 的梁、板，其模板应起拱，起拱高度符合设计要求，设计无要求时，起拱高度为跨度的 1/1000～3/1000。悬挑构件需待混凝土强度达到 100%，方可拆除支撑。

（7）梁模板上口应设临时撑头，侧模下口应贴紧梁底模或墙面，斜撑于上口钉牢，保持上口呈直线。当梁高超过 750 mm 时，梁侧模板应加穿梁螺栓加固。

（8）施工中应防止梁身不平直、梁底不平及下挠、梁侧模胀模、局部模板潜入柱梁间等现象出现。

（9）梁柱节点连接处一般下料尺寸略缩短，采用边模包底模，接缝应严密，支撑牢靠，发生错位及时纠正。

（10）墙模板立缝、角缝应设于木方和多层板所形成的企口位置，以防漏浆和错台。墙模板的水平缝背面应加木方拼接，组装模板拼缝用腻子补平。

（11）楼板模板安装厚度要一致，搁栅木料要有足够的强度和刚度，搁栅面要平整。防止板中部下挠，板底混凝土面不平的现象。

（12）无论是新配制的模板，还是使用已清除了污、锈待用的旧模板，在使用前必须涂刷脱模剂，严禁脱模剂玷污钢筋和混凝土接茬处。

（13）固定在模板上预埋件、预留孔和预留洞，应按图纸要求逐个核对其质量、数量、位置，不得遗漏，并安装牢固。

（14）安装现浇结构的上层模板及其支架时，下层楼板应具有承受上层荷载的承载能力，或加设支架的立柱应对准，应铺设垫板。

（15）模板接头处严禁用编织袋乱堵乱塞。模板安装后实测项目的尺寸应符合规范要求。

（16）模板安装中严禁锯末、杂物拌入梁板及墙内。浇注混凝土过程中应有专人看护模板。

（17）由于本工程混凝土表面为清水砼，其质量要求严格，具体标准见下表

允许偏差

序号	项目		允许偏差/mm
1	轴线位置		3
2	底模上表面标高		3
3	截面尺寸	基础	±10
		柱、墙、梁	+2，-3
4	层高垂直	全高≤5 m	3
		全高>5 m	8
5	相邻两板表面高低差		1
6	表面平整度（2 m长度上）		3
7	预埋钢板中心线位移		3
8	预埋管顶留孔中心线位移		3
9	预埋螺栓	中心线位移	2
		外露长度	+10，-10
10	预留洞	中心线位移	10
		截面内部尺寸	+10，-0

三、模板拆除
（1）拆除模板前必须填写拆模申请，经项目部同意后方可拆模。
（2）侧模拆除时的混凝土强度，应保证构件表面不变形其表面及棱角完整不受损伤。
（3）拆模后，构件表面模板拼缝处不规则部分，必须用角磨机打磨平整。
（4）底模及支架拆除时的混凝土强度应符合设计要求，当设计无具体要求时，混凝土强度应符合以下规定：

构件类型	构件跨度/m	达到设计的混凝土立方体抗压强度标准值得百分率
板	≤2	≥50%
	>2，≤8	≥75%
	>8	≥100%
梁、板、壳	≤8	≥75%
	>8	≥100%
悬臂构件	—	≥100%

（5）模板拆除时，不应对楼层形成冲击荷载。拆除的模板和支架应分散堆放并及时清运。
四、应注意的质量问题
（1）柱模：防止炸模，造成断面尺寸鼓出，漏浆，混凝土不密实或蜂窝麻面。
防治措施：
① 对拉螺栓直径间距、竖楞的间距及围檩间距必须满足模板设计要求。
② 四周斜撑要牢固。
③ 成排柱模支模时，应先立两端柱模，校直和复核位置无误后，顶部拉通长线，再立中间柱模。
（2）墙模：防止炸模，倾斜变形，墙体厚薄不一，墙面高低不平，墙根跑浆、露筋。
防治措施：
① 对拉螺栓直径间距、竖楞的间距及围檩间距必须满足模板设计要求。
② 四周斜撑要牢固。
③ 两片模板之间，应根据墙的厚度用竹管作撑头，以保证墙体厚度一致，有防水要求时，应采用焊有止水片的螺栓。
④ 模板面应涂有隔离剂。

（3）梁模：防止梁身不平直，梁底不平及下挠，梁侧模炸模，局部模板嵌入柱梁间，拆除困难的现象。

防治措施：

① 梁侧模必须拉线通直后固定，梁侧模必须有压脚板，若梁高超过 75 cm，应加拉紧螺栓及钢管围檩。

② 梁底支撑间距应满足模板设计要求，能保证在混凝土重量和施工荷载作用下不变形，梁底模应起拱。

③ 支梁木模时应遵守边模包底模的原则，梁模与柱模连接处，应考虑模板吸湿后长向膨胀的影响。下料尺寸一般应略为缩短，使混凝土浇筑后不致嵌入柱内。

④ 混凝土浇筑前，充分用水浇透。

（4）板模：防止板中部下挠，板底混凝土面不平现象。

防治措施：

① 搁栅面要平整，并有足够强度和刚度。

② 板模按规定起拱。

③ 支撑系统符合规定保证项目要求。

四、工程处罚条例

（1）模板拆模后，实测混凝土平整度、垂直度和几何尺寸超差及时修改，每处罚款 200 元。

（2）拆除模板后，发现混凝土柱、墙板实际轴线位置与图纸轴线位置超出允许偏差，每处罚款 500 元。

（3）模板支承不牢造成墙、柱、梁板严重涨胎，垂直度、平整度严重超差，影响后续装饰工程而需要重新处理的，每处罚款 2000 元和相应的材料损失。

（4）因模板施工造成混凝土结构层标高与图纸设计标高不符，每处罚款 1000 元，并相应承担经济责任。

（5）模板接头处用编织袋、塑料布乱堵、乱塞，发现一处罚款 200 元。

（6）梁、柱节点处不规范截面尺寸超差，每处罚款 100 元，并且立即整改，直到达到质量标准为止。

（7）按图纸要求固定在模板上的预埋件，预留孔洞的质量、数量、位置，有偏差或遗漏或变形，偏移的，每处罚款 500 元。

（8）混凝土强度未达到设计要求，私自拆除模板和支撑，使主体结构出现隐患的，每处罚款 2 000 元。

（9）拆除模板时野蛮施工，破坏混凝土边角及表面造成裂缝的，每处罚款 1 000 元，边角遗漏模板不干净，每处罚款 100 元。

（10）混凝土浇筑过程中无专人看护模板，或看护不负责、脱岗的每发现一人罚款 100 元。

（11）拆完模板的作业区必须场清，废料按工地要求运到地面指定位置，工地负责运走。如果班组无力施工，则有工地负责清理。按建筑面积每平方米 1.5 元从该班组工程款中扣除。

（12）随便拆卸脚手架的架杆、扣件和绑固材料、防护设施的；任意从高处往下投仍物件和建筑垃圾的；吊运危险、超长、杂乱物件不采取安全措施的或单绳起吊的予以 200 元/人次的罚款。

（13）现场用手把锯下料的每次罚款 100 元。

（14）现场乱截木方的每根 10 元。

（15）现场梁、板的模板背楞木方必须立放，发现每次罚款 200 元。

（16）支撑脚手架系统与楼板及砼墙面接触部位必须加垫板。发现每处罚款 100 元。

未尽事宜请及时与交底人联系！如与上级有关规定相抵触，按上级规定执行。

| 技术负责人： | 交底人： | 接收人： |

6. 模板工程检验批质量验收记录表示例

表4.2 模板安装(含预制构件)工程检验批质量验收记录

(GB 50204-2015)表4.2　　编号：010601(1)/020101(1)020106(1)□□□

		质量验收规范的规定		施工单位自检记录	监理(建设)单位验收记录
工程名称			分项工程名称		项目经理	
施工单位				验收部位		
施工执行标准名称及编号					专业工长(施工员)	
分包单位				分包项目经理		施工班组长	

		质量验收规范的规定	施工单位自检记录	监理(建设)单位验收记录
主控项目	1	上下层模板安装	安装现浇结构的上层模板及其支架时,下层楼板应具有承受上层荷载的承载能力,或加设支架;上、下层支架的立柱应对准,并铺设垫板。(第4.2.1条)		
	2	隔离剂	不得玷污钢筋和混凝土接搓处。(第4.2.2条)		
一般项目	1	模板安装	①模板的接缝不应漏浆,木模板应浇水湿润,但模板内不应有积水;②模板与混凝土的接触面应清理干净并涂刷隔离剂;③模板内的杂物应清理干净;④对清水混凝土及装饰混凝土工程,应使用能达到设计效果的模板。(第4.2.3条)		
	2	地坪胎膜	应平整光洁,不得产生影响结构质量的下沉、裂缝、起砂或起鼓。(第4.2.4条)		
	3	梁板起拱	对跨度不小于4m的,应按设计要求起拱;当设计无具体要求时,起拱高度宜为跨度的1/1 000~3/1 000。(第4.2.5条)		

			项目	允许偏差/mm	实 测 值
	4	现浇结构模板偏差	轴线位置	5	
			底模上表面标高	±5	
			截面内部尺寸	基础	±10	
				柱、墙、梁	+4,-5	
			层高垂直度	≤5m	6	
				>5m	8	
			相邻两板表面高低差	2	
			表面平整度	5	

续表

		项目		允许偏差（mm）	施工单位自检记录	监理（建设）单位验收记录
一般项目	5 5	固定在模板上的预埋件、预留孔和预留洞的允许偏差	预埋钢板中心线位置	3		
			预埋管、预留孔中心线位置	3		
			插筋 中心线位置	5		
			插筋 外露长度	+10，0		
			预埋螺栓 中心线位置	2		
			预埋螺栓 外露长度	+10，0		
			预留洞 中心线位置	10		
			预留洞 尺寸	+10，0		
	6	预制构件模板安装的偏差	长度 板、梁	±5		
			长度 薄腹梁、桁架	±10		
			长度 柱	0，−10		
			长度 墙板	0，−5		
			宽度 板、墙板	0，−5		
			宽度 梁、薄腹梁、桁架、柱	+2，−5		
			高（厚）度 板	+2，−3		
			高（厚）度 墙板	0，−5		
			高（厚）度 梁、薄腹梁、桁架、柱	+2，−5		
			侧向弯曲 梁、板、柱	$L/1000$ 且 ≤ 15		
			侧向弯曲 墙板、薄腹梁、桁架	$L/1500$ 且 ≤ 15		
			板的表面平整度	3		
			相邻两板表面高低差	1		
			对角线差 板	7		
			对角线差 墙板	5		
			翘曲 板、墙板	$L/1500$		
			设计起拱 薄腹梁、桁架、梁	±3		

施工操作依据	
质量检查记录	

施工单位检查结果评定	项目专业质量检查员：	项目专业技术负责人：
		年 月 日
监理（建设）单位验收结论	专业监理工程师： （建设单位项目专业技术负责人）	
		年 月 日

注：L——构件长度（mm）。

010601（1）/020101（1）020106（1）□□□说明

强 制 性 条 文

4.1.1 模板及其支架应根据工程结构形式、荷载大小、地基土类别、施工设备和材料供应等条件进行设计。模板及其支架应具有足够的承载能力、刚度和稳定性，能可靠地承受浇筑混凝土的重量、侧压力以及施工荷载。

主 控 项 目

4.2.1 安装现浇结构的上层模板及其支架时，下层楼板应具有承受上层荷载的承载能力，或加设支架；上、下层支架的立柱应对准，并铺设垫板。

检查数量：全数检查。

检验方法：对照模板设计文件和施工技术方案观察。

4.2.2 在涂刷模板隔离剂时，不得玷污钢筋和混凝土接槎处。

检查数量：全数检查。

检验方法：观察。

一 般 项 目

4.2.3 模板安装应满足下列要求：

1 模板的接缝不应漏浆；在浇筑混凝土前，木模板应浇水湿润，但模板内不应有积水。

2 模板与混凝土的接触面应清理干净并涂刷隔离剂，但不得采用影响结构性能或妨碍装饰工程施工的隔离剂。

3 浇筑混凝土前，模板内的杂物应清理干净。

4 对清水混凝土工程及装饰混凝土工程，应使用能达到设计效果的模板。

检查数量：全数检查。

检验方法：观察。

4.2.4 用作模板的地坪、胎模等应平整光洁，不得产生影响构件质量的下沉、裂缝、起砂或起鼓。

检查数量：全数检查。

检验方法：观察。

4.2.5 对跨度不小于4 m的现浇钢筋混凝土梁、板，其模板应按设计要求起拱；当设计无具体要求时，起拱高度宜为跨度的1/1 000～3/1 000。

检查数量：在同一检验批内，对梁，应抽查构件数量的10%，且不少于3件；对板，应按有代表性的自然间抽查10%，且不少于3间；对大空间结构，板可按纵、横轴线划分检查面，抽查10%，且不少于3面。

检验方法：水准仪或拉线、钢尺检查。

4.2.6 固定在模板上的预埋件、预留孔和预留洞均不得遗漏，且应安装牢固，其偏差应符合表4.2.6（表略）的规定。

检查数量：在同一检验批内，对梁、柱和独立基础，应抽查构件数量的10%，且不少于 3 件；对墙和板，应按有代表性的自然间抽查 10%，且不少于 3 间；对大空间结构，墙可按相邻轴线间高度 5 m 左右划分检查面，板可按纵横轴线划分检查面，抽查 10%，且均不少于 3 面。

检验方法：钢尺检查。

4.2.7 现浇结构模板安装的偏差应符合表 4.2.7（表略）的规定。

检查数量：在同一检验批内，对梁、柱和独立基础，应抽查构件数量的 10%，且不少于 3 件；对墙和板，应按有代表性的自然间抽查 10%，且不少于 3 间；对大空间结构，墙可按相邻轴线间高度 5 m 左右划分检查面，板可按纵、横轴线划分检查面，抽查 10%，且均不少于 3 面。

4.2.8 预制构件模板安装的偏差应符合表 4.2.8（表略）的规定。

检查数量：首次使用及大修后的模板应全数检查；使用中的模板应定期检查，并根据使用情况不定期抽查。

注：本表由施工项目专业质量检查员填写，专业监理工程师（建设单位项目专业技术负责人）组织项目专业质量（技术）负责人等进行验收。

表 4.3 模板拆除工程检验批质量验收记录

（GB50204-2015）表 4.3　　　　　　　　　　编号：010601（2）/020101（2）□□□□

工程名称					分项工程名称		项目经理	
施工单位					验收部位			
施工执行标准名称及编号							专业工长（施工员）	
分包单位					分包项目经理		施工班组长	
	质量验收规范的规定					施工单位自检检查	监理（建设）单位验收记录	

		质量验收规范的规定				施工单位自检检查	监理（建设）单位验收记录
主控项目	1	底模及支架拆除时的混凝土强度应符合设计要求；当设计无具体要求时，混凝土强度应符合4.3.1条。（第4.3.1条）	构件类型	构件跨度/m	达到设计强度标准值的百分率/%		
			板	≤2	≥50		
				>2，≤8	≥75		
				>8	≥100		
			梁、拱、壳	≤8	≥75		
				>8	≥100		
			悬臂构件	—	≥100		
	2	预应力构件	对后张法，侧模宜在预应力张拉前拆除；底模支架的拆除应按施工技术方案执行，当无具体要求时，不应在建立预应力前拆除。（第4.3.2条）				
	3	后浇带模板	拆除和支顶按施工技术方案执行。（第4.3.3条）				
一般项目	1	侧模拆除	混凝土强度应能保证其表面及棱角不受损伤。（第4.3.4条）				
	2	模板拆除	模板拆除时，不应对楼层形成冲击荷载。拆除的模板和支架宜分散堆放并及时清运。（第4.3.5条）				

施工操作依据	
质量检查记录	

施工单位检查结果评定	项目专业质量检查员：	项目专业技术负责人：
		年　月　日

监理（建设）单位验收结论	专业监理工程师： （建设单位项目专业技术负责人）
	年　月　日

010601（2）/020101（2）□□□□说明

强 制 性 条 文

4.1.3 模板及其支架拆除的顺序及安全措施应按施工技术方案执行。

主 控 项 目

4.3.1 底模及其支架拆除时的混凝土强度应符合设计要求；当设计无具体要求时，混凝土强度应符合表

4.3.1 的规定。

检查数量：全数检查。

检查方法：检查同条件养护试件强度试验报告。

表 4.3.1 底模拆除时的混凝土强度要求

构件类型	构件跨度/m	达到设计的混凝土立方体抗压强度标准值的百分率
板	≤2	≥50%
	>2，≤8	≥75%
	>8	≥100%
梁、拱、壳	≤8	≥75%
	>8	≥100%
悬臂构件	—	≥100%

4.3.2 对后张法预应力混凝土结构构件，侧模宜在预应力张拉前拆除；底模支架的拆除应按施工技术方案执行，当无具体要求时，不应在结构构件建立预应力前拆除。

检查数量：全数检查。

检验方法：观察。

4.3.3 后浇带模板的拆除和支顶应按施工技术方案执行。

检查数量：全数检查。

检验方法：观察。

一 般 项 目

4.3.4 侧模拆除时的混凝土强度应能保证其表面及棱角不受损伤。

检查数量：全数检查。

检验方法：观察。

4.3.5 模板拆除时，不应对楼层形成冲击荷载。拆除的模板和支架宜分散堆放并及时清运。

检查数量：全数检查。

检验方法：观察。

注：本表由施工项目专业质量检查员填写，专业监理工程师（建设单位项目技术负责人）组织项目专业质量（技术）负责人等进行验收。

◆ 实训项目一 独立基础模板安装及拆除

1. 实训任务

工作任务：对一个二阶独立基础进行模板安装及拆除，基础尺寸如图 4.7 所示。

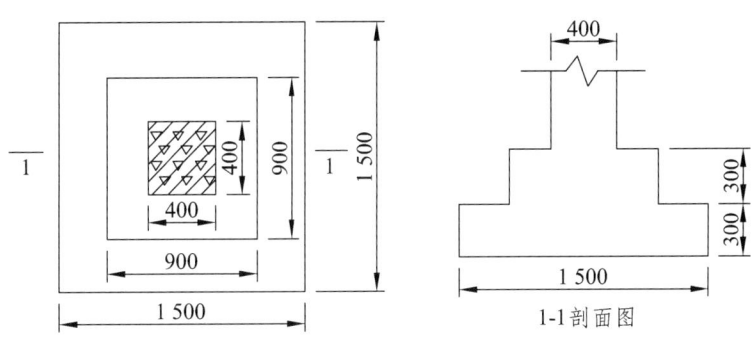

图 4.7 独立基础尺寸

2. 任务准备

工艺准备：阶形基础模板构成如图 4.8 所示。每一阶模板由 4 块侧板拼钉而成，其中两块侧板的尺寸与相应的台阶侧面长度相等，另两块侧板长度则比台阶侧边长度长 150～200 mm，4 块侧板用木档拼成方框。上台阶模板由两块侧板的下部一块拼板加长，搁置在下台阶模板上。上、下台阶模板的四周设置斜撑和水平撑或铁丝支撑牢固。

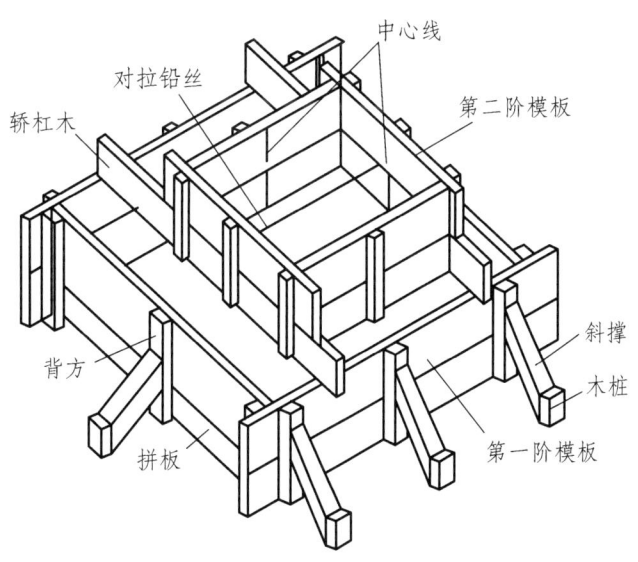

图 4.8 阶形基础模板

113

（2）材料准备：1 830 mm×915 mm×18 mm 规格胶合板、50 mm×100 mm 木方、钢管支撑、铁丝、铁钉及其他配件。按领料单领取胶合板、木方等材料。

（3）工具准备：各组按照施工要求编制工具清单，经指导老师检查核定后，方可领取工具，各组领出的机具要有编号，并对领出的物品进行登记和经手人签名。

3. 操作步骤

一般工序：模板准备—平整基底至设计标高—根据设计要求施工混凝土垫层—根据基础轴线弹出模板安装边线—按此线安装基础侧板—定位后用斜撑固定侧板，并用平撑将相邻模板连成整体。

杯形独立基础模板安装工序：弹线—侧板拼接—涂刷脱模剂—下阶模板安装—上阶模板安装—杯口芯模安装。

（1）模板检查。按设计图纸对模板外形、尺寸、平整度、对角线进行检查，并分规格平行堆放。

（2）基底准备。平整基底至设计标高，根据设计要求做混凝土垫层（实训时可省略）。

（3）放线。在基坑底垫层上弹出基础中线，根据基础轴线弹出模板安装边线。

（4）下阶模板安装。把截好尺寸的木板加钉木档拼成侧板，在侧板内表面弹出中线；安装4块下阶侧板，先临时固定，待校正尺寸及角部方正后用斜撑支撑顶牢，并用平撑将相邻模板连成整体。

（5）上阶模板安装。将上阶模板放在下阶模板上，两者中线互相校准，并用平撑钉牢。对于杯形独立基础模板，在上阶模板安装好并校正后，将杯芯模板的横杠搁置在上阶模板上，对准中线，加设木档予以固定。

（6）拆除模板。先拆除斜撑与平撑，然后用撬杠、钉锤等工具拆下4块侧板。条形基础模板拆除时，先拆下搭头木，再拆除斜撑与平撑，最后拆除侧板及端模板；杯形独立基础先拆除杯口芯模，再拆上阶模板。杯芯模在基础混凝土初凝后拆除，整体式杯芯模可借助倒链拔出。

4. 质量要求及验收标准

模板安装后要找正，模盒对角线应与基础辅助对角线相重合。

模板支撑要对称进行，支撑点要均匀合理，支撑要牢固，防止浇筑混凝土时模板走动、变形。

有杯口的基础，横杠布置在基础侧模上口，用斜撑、吊木将杯口侧板吊在横杠上。

模板在浇筑混凝土前，应涂刷一层隔离剂（木模板的隔离剂一般用肥皂水即可。钢模板隔离剂用废机油加柴油混合料，但在组装模板时要防止隔离剂碰到钢筋上），拆除后应立即将模板表面残留的水泥沙浆等清除干净。

现浇独立基础模板安装的允许偏差及检验方法见表4.4。

表 4.4　基础模板安装的允许偏差及检验方法

项目	允许偏差/mm	检验方法
轴线位置	5	钢尺检查
底模上表面标高	±5	水准仪或拉线、钢尺检查
基础台阶尺寸	10	钢尺检查
相邻两板表面高低差	2	钢尺检查
表面平整度	5	2 m 靠尺和塞尺检查

注：检验轴线位置时，应沿纵、横两个方向量测，并取其中的最大值。

5. 学生工作单、独立基础考核验收表

（1）基础模板安装学生工作单，见表 4.5。

表 4.5　独立基础模板安装学生工作单

实训项目	基础模板安装	实训时间		实训地点		
姓名		班级		指导教师		成绩
知识要点				评分权重30%		得分：
1. 模板的作用是什么？						
2. 怎样保证模板的刚度？						
3. 模板质量检验有哪些内容？						
操作要领				评分权重50%		得分：
1. 记录基础模板安装的工具						
2. 记录基础模板安装的材料						
3. 怎样保证阶形基础模板与柱轴线的对中？						
4. 阶形模板拆模的顺序是怎样的？						
5. 如何防止混凝土漏浆？						
实训的收获、遇到的问题及处理的方法、有何可以改进的地方？				评分权重20%		得分：

（2）基础模板安装验收表，见表 4.6。

表 4.6 独立基础模板安装考核验收表

工位号：　　　　　　　　组长：　　　　　　　　日期：

序号	检验内容		要求及允许偏差	检验方法	验收记录	配分	得分
1	工作程序		正确的安装程序	巡查		10	
2	上下阶模板轴线对中		允许偏差±5 mm	尺量检查		10	
3	上表面标高	上阶模板	±10 mm	尺量检查		5	
		下阶模板	±10 mm	尺量检查		5	
4	截面内部尺寸	边长	±10 mm	尺量检查		5	
		对角线		尺量检查		5	
5	表面平整度与相邻模板高低差		±6 mm	2 m 靠尺和塞尺		10	
6	上阶模板的整体性			检查		10	
7	下阶模板的稳固性			检查		10	
8	安全施工		安全设施到位	巡查		5	
			没有危险动作	巡查		5	
9	文明施工		工具完好、场地整洁	巡查		5	
	施工进度		按时完成	巡查		5	
10	团队精神		分工协作、人人参与	巡查		5	
	工作态度		遵守纪律、态度认真	巡查		5	
			总得分				

组员签名：

◆ 实训项目二　柱模板安装及拆除

1. 实训任务

工作任务:安装一截面尺寸为 300 mm×300 mm,高为 1.2 m 的柱模板,柱底留设 100 mm×150 mm 的清理孔。

2. 任务准备

（1）工艺准备:矩形柱的模板由四块侧板、柱箍、支撑组成。构造做法是柱子四侧模都采用纵向模板,如图 4.9（a）所示。其特点是模板横缝较少。为了防止在混凝土浇筑时模板产生膨胀变形,模板外应设置柱箍,可采用木箍、钢管、钢框等。柱箍间距应根据柱截面大小经计算确定,一般不超过 1 000 mm,因下部混凝土侧压力较大,故柱箍下部间距应小些,往上可逐渐增大间距。

安装柱模板时,应先在地面（或楼面）上弹柱轴线及边线,同一柱列应先弹两端柱轴线及边线,然后拉通线弹出中间部分柱的轴线及边线。按照边线先把底部定位方盘固定好,然后再对准边线安装柱模板,为了保证柱模的稳定,柱模之间要用水平撑、剪刀撑等互相拉结固定,如图 4.9（b）。

（2）材料准备：1 830 mm×915 mm×18 mm 规格胶合板、50 mm×100 mm 木方、钢管支撑、铁丝、铁钉及其他配件。按设计图纸绘制模板放样图,编制模板领料单,由实训指导老师检查计算结果并同意后,领取胶合板、木方等材料。

（3）工具准备：各组按照施工要求编制工具清单,经指导老师检查核定后,方可领取工具。各小组应仔细检查工具是否正常并对领出的物品进行登记和经手人签名。

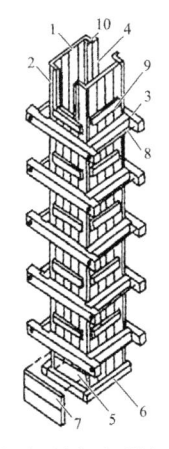

（a）拼板柱模板　　　　　　　　（b）柱模板加固

1—内拼板；2—外拼板；3—柱箍；4—梁缺口；5—清理孔；6—方盘；
7—盖板；8—拉紧螺栓；9—拼条；10—三角木条

图 4.9 柱模板

3. 操作流程

柱子模板安装一般工序：模板准备—弹柱边线及控制线—找平、定位—安装柱模板—安装柱箍安装拉杆或斜撑—校正垂直度—固定拉杆或斜撑—模板检查。如图 4.10 所示。

（a）弹柱边线及控制线

（b）找平

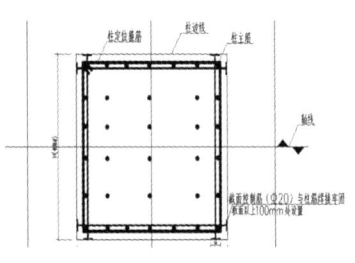
（c）定位

（d）安装柱模板

（e）安装柱箍

（f）校正垂直度、柱模板验收

图 4.10 柱模安装流程图

（1）模板检查。按设计图纸对模板外形、尺寸、平整度、对角线进行检查，并分规格平行堆放。

（2）放线。用墨斗弹出柱中线和边线及控制线，设置定位基准。

（3）安装模板。

① 安装第一块侧模板，安装就位后设临时支撑固定。

② 依次安装其余三块模板及支撑，在两垂直向加拉锚或斜撑，与地面角度宜为 45°～60°。

③ 调直纠偏。

安装柱箍。柱箍的安装应自下而上进行，柱箍应根据柱模尺寸、柱高及侧压力的大小等因素进行设计选择（有木箍、钢管箍、钢箍等），柱箍间距由计算确定，一般为 400～800 mm。

柱模校正加固。根据柱控制线校正柱摸位置，并用木楔与地锚将柱模下口固定；将线坠由模板上口延伸接近地面检查模板的垂直度，并且通过拉锚或斜撑校正柱身垂直度和柱身扭向，同时全面复核模板的对角线长度差及截面尺寸等项目。调整偏差后固定。柱模板支撑必须牢固，预埋件、预留孔洞严禁漏设且必须准确、稳固。

清除柱模内杂物、封闭清理孔。如柱模不设清理孔，则必须在模板安装前将基底冲洗干净，不得有浮浆、残渣和杂物。

4. 质量要求及验收标准

放线应当确保准确，不得出现超出规范的误差。

在模板组装前应将模板上的残渣剔除干净并涂刷脱模剂,模板的拼缝应符合规范规定,侧面模板要切实确保牢固。

柱子模板如用木料制作,拼缝处应刨光拼严,门子板应根据柱宽采用适当厚度,防止混凝土浇筑过程中漏浆、炸模或外鼓。

当采用钢模板时,应当由下向上依次安装,模板之间用U形插销插紧,在转角位置用连接角模将两模板连接,以保证角度的准确。

柱子模板的允许偏差见表4.7

表4.7 现浇柱结构模板安装的允许偏差

项目		允许偏差/mm
轴线位置		5
底模上表面标高		±5
截面内部尺寸	柱	±10
	柱、墙、梁	+4,−5
层高垂直度	≤5 m	6
	>5 m	8
相邻两板表面高低差		2
表面平整度		5

5. 学生工作单和柱模板验收表

(1)柱模板安装学生工作单,见表4.8。

表4.8 柱模板安装学生工作单

实训项目	柱模板安装	实训时间		实训地点		
姓名		班级		指导教师		成绩
知识要点			评分权重30%		得分:	
1. 柱模板体系由哪些组成?						
2. 如何留设清理孔?						
3. 什么是爆模?如何防止?						
操作要领			评分权重50%		得分:	
1. 基础模板安装步骤是什么?						
2. 怎样保证柱模的垂直度?						
3. 怎样进行柱模的定位?						
4. 如何防止烂根?						
实训的收获、遇到的问题及处理、有何可以改进的地方?			评分权重20%		得分:	

（2）柱模板安装考核验收表，见表4.9。

表4.9 柱模板安装实训考核验收表

工位号：　　　　　　　　　　　组长：　　　　　　　　　　日期：

实训项目	柱模板安装	实训时间		实训地点		
姓名		班级		指导教师		成绩

序号	检验内容	要求及允许误差	检验方法	检验记录	配分	得分
1	工作程序	正确的安装程序	巡查		10	
2	柱轴线垂直度	5 mm	水准仪或拉线、钢尺检查		10	
3	柱模顶面标高	±5 mm	水准仪或拉线、钢尺检查		10	
4	截面内部尺寸	边长误差+4 mm、－5 mm	钢尺检查		5	
		对角线误差+4 mm、－5 mm	钢尺检查		5	
5	柱模顶面平整度	与相邻模板高低差	2 m靠尺和塞尺		10	
6	模板拼缝	严密	检查		10	
7	柱模的稳定性	稳固	检查		10	
8	安全施工	安全设施到位	巡查		5	
		没有危险动作	巡查		5	
9	文明施工	工具完好、场地整洁	巡查		5	
	施工进度	按时完成	巡查		5	
10	团队精神	分工协作、人人参与	巡查		5	
	工作态度	遵守纪律、态度认真	巡查		5	
共计						100
得分						

组员签名：

◆ 实训项目三　梁模板安装

1. 实训任务

工作任务：安装一段长为 1.5 m 的钢筋混凝土梁模板，梁截面尺寸为 250 mm × 500 mm，梁模板示意图如图 4.11 所示。

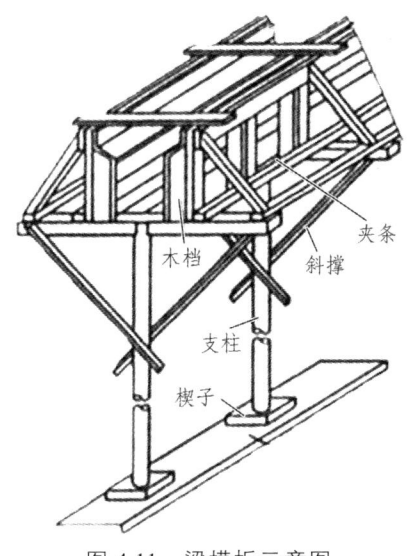

图 4.11　梁模板示意图

2. 任务准备

工艺准备：梁模板主要由侧板、底板、夹木、托木、梁箍、支撑等组成，见图 4.12。

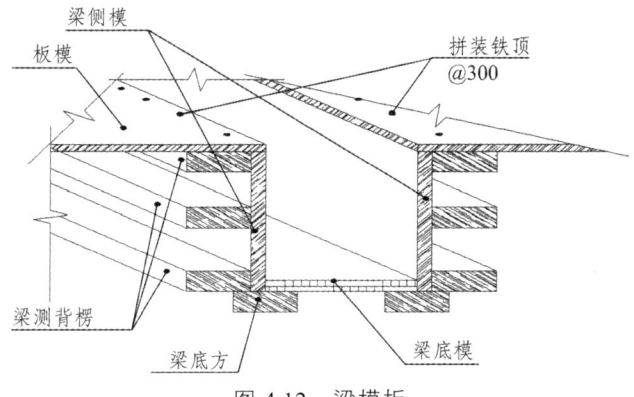

图 4.12　梁模板

在梁模底板下每隔一定间距用顶撑支设。木模板梁侧模下口必须有下檩条，将梁侧板与底板夹紧，并钉牢在支柱顶撑上，以保证混凝土浇筑过程中，侧模下口不炸模。次梁模板还应根据支设楼板模板的搁栅的标高，在两侧板外面钉上檩条。在主梁与次梁交接处，应在主梁侧板上留梁口,并钉上衬口档,次梁的侧板和底板钉在衬口档上。

支承梁模的顶撑(又称琵琶撑、支柱),目前立柱一般使用钢管。顶撑上横梁用截面为(50~100)mm×100 mm 的方木,长度根据梁高决定,斜撑用截面为 50 mm×75 mm 的方木。当然也可用钢制顶撑。为了确保梁模支设的稳定,顶撑立柱下若为土壤地面时应平整夯实,垫厚度不小于 40 mm、宽度不小于 200 mm 的通长垫板,并用木楔调整标高。顶撑的间距要根据梁的截面大小而定,一般为 800~1 200 mm。

当梁的高度较大时,应在侧板外面另加斜撑,斜撑上端钉在檩条上,下端钉在顶撑的上横条上。如有楼板,则上口檩条横档应放在楼板模龙骨下。如为独立梁,侧板上口用搭接木互相卡住。当梁高在 700 mm 以上时,混凝土侧压力较大,单用斜撑及搭接木用圆钉钉住已不够牢固,因此,常在梁的中部用铁丝穿过檩条对拉,或用螺栓将两侧模板拉紧,防止模板下口向外爆裂及中部鼓胀。其他按一般梁支模方法进行。为了方便深梁钢筋的绑扎,在梁底模与一侧模板撑好后绑扎梁的钢筋,后装另一侧模板。更高的梁模板,可参照混凝土墙模板进行侧模的安装,对拉螺栓或对拉铁丝均在钢筋入模后安装。梁模板安装后,要拉线进行检查,复核各梁模中心位置是否准确。

制作梁木模时应遵守边模包底模的原则。梁模与柱模连接处,应考虑梁模板吸湿后长向膨胀的影响,下料尺寸一般应略为缩短,使木模在混凝土浇筑后不致嵌入柱内。

(2)材料准备:18 mm 胶合板、木方、加固螺杆、钢管支撑、铁丝、铁钉及其他配件。按设计图纸绘制模板放样图,编制模板领料单,由实训指导老师检查计算结果并同意后,领取胶合板、木方等材料。

(3)工具准备:各组按照施工要求编制工具清单,经指导老师检查核定后,方可领取工具。各组领出的机具要有编号,并对领出的物品进行登记和经手人签名。

3. 操作步骤

梁模板安装的一般工序为:弹出梁轴线及水平线并复核—搭设梁模支架—安装梁底钢(木)檩条或梁卡具—安装梁底模板—梁底起拱—安装梁侧模板—安装另一侧梁模—安装上下锁口檩条、斜撑及腰檩和对拉螺栓—复核梁模尺寸、位置—与相邻模板连接固定。如图 4.13 所示。

(a)梁满堂架搭设　　(b)安装梁底模　　(c)安装梁侧模

图 4.13 梁模板安装相关示意图

（1）场地准备。确保梁模安装场地地面平整硬实、干净。

（2）模板检查。按设计图纸对模板外形、尺寸、平整度、对角线进行检查，并分规格平行堆放。

（3）搭设梁模支撑。根据梁支撑体系布置图，铺设垫木，在垫木上安装梁支撑立杆，上层支架应使上下层支柱在一条垂线上。先立靠近柱或墙的梁模支柱，再将梁长度等分计算确定支柱间距，立中间部分支柱，支柱下安装可调底座或在底部打入木楔调整标高。

（4）安装梁底模板。在立杆上依次安放可调顶托、龙骨，拉十字线铺设梁底模，并通过调整可调顶托校正梁底标高。若梁的跨度等于或大于 4 m，应使梁底模板中部略起拱，防止由于混凝土的重力使跨中下垂。如设计无规定时，起拱高度宜为全跨长度的 1‰～3‰。在柱模板顶部与梁模板连接处预留的缺口处钉衬口档，以便把梁底模板搁置在衬口档上。

（5）安装梁侧模板。将梁侧模板紧靠底模放在支柱顶的横梁上，两端钉于衬口档上，在侧板底外侧铺钉下檩条，再钉上斜撑和水平搭接条。侧模安装就位后先临时固定，再安装梁侧斜撑，确保稳定牢固。若梁高超过 600 mm，为抵抗混凝土的侧压力，还应设对拉螺栓加强。有主次梁时，要待主梁模板安装并校正后才能进行次梁模板安装。

（6）校正检查。梁模板安装后再拉线检查、复核各梁模板中心线位置是否正确。

4. 质量要求及验收标准

（1）梁、板模板应通过设计确定檩条、支柱的尺寸及间距，使模板支撑系统有足够承载力、刚度和稳定性，防止浇混凝土时模板沉降。

（2）模板应有足够的刚度，不产生过大的变形，防止爆模，产生位移。模板应拼缝严密，防止漏浆。

（3）梁模用木模时，不应采用黄花松或其他易变形的木材制作，并应在混凝土浇筑前充分用水浇透。

（4）梁模板的允许偏差见表 4.10。

表 4.10 现浇梁结构模板安装的允许偏差

项目		允许偏差/mm
轴线位置		5
底模上表面标高		±5
截面内部尺寸	柱	±10
	柱、墙、梁	+4，−5
层高垂直度	≤5 m	6
	>5 m	8
相邻两板表面高低差	2 mm	2
表面平整度	5 mm	5

5. 学生工作单、梁模板验收表

（1）梁模板安装学生工作单，见表4.11。

表4.11 梁模板安装学生工作单

实训项目	梁模板安装	实训时间		实训地点		
姓名		班级		指导教师		成绩
知识要点				评分权重30%		得分：
1. 梁模板体系的组成有哪些？						
2. 梁模板中的底板和侧板分别受哪些力的作用？						
3. 梁模的跨中是否需要起拱，依据是什么？						
操作要领				评分权重50%		得分：
1. 梁模板安装的步骤是什么？						
2. 梁模与柱模安装有何不同？						
3. 梁模的底标高如何保证？						
4. 梁底模拆除时要注意些什么问题？						
实作的收获、遇到的问题及处理的方法、有什么可以改进的地方？				评分权重20%		得分：

（2）梁模板安装考核验收表，见表4.12。

附表4.12 梁模板安装实训考核验收表

实训项目	梁模板安装	实训时间		实训地点			
姓名		班级		指导教师		成绩	
序号	考核检验内容	要求及允许偏差	检验方法	验收记录		配分	得分
1	工作程序	正确的安装程序	巡查			10	
2	轴线位置	5 mm	钢尺检查			10	
3	底模上表面标高	允许偏差±5 mm	水准仪或拉线、钢尺检查			10	
4	截面尺寸	边长允许偏差+4 mm，-5 mm	钢尺检查			5	
		对角线允许偏差+4 mm，-5 mm	钢尺检查			5	
5	表面平整度	允许偏差5 mm	2 m靠尺和塞尺检查			10	
6	模板拼缝	严密	检查			10	
7	梁模的稳定性	稳固	检查			10	
8	安全施工	安全设施到位	巡查			5	
		没有危险动作	巡查			5	
9	文明施工	工具完好、场地整洁	巡查			5	
	施工进度	按时完成	巡查			5	
10	团队精神	分工协作、人人参与	巡查			5	
	工作态度	遵守纪律、态度认真	巡查			5	
11	合计					100	
得分							

组员签名：

单元 5 架子工实训

脚手架又称架子,是建筑施工活动中工人进行操作、运送和堆放材料的一种临时设施,是建筑施工过程中一项必不可少的空中作业工具。结构施工、装饰装修施工及设备安装都需要根据操作要求搭设脚手架。

架子工实训,学生应掌握脚手架搭设的施工准备工作的内容;能熟练地进行定位、放线,按要求对不合格的地基进行处理;对进场的扣件式钢管脚手架的杆、配件能熟练地进行检查验收;能熟练地搭、拆落地式钢管外脚手架;能熟练地检查脚手架的搭设质量,并能进行使用安全维护;深刻领会并牢记脚手架施工的安全技术要求。

◆ 实训准备、材料准备及注意事项

1. 实训工具及场地

架子工实训场地要求空间宽敞,地基坚实。室外实训场地,应与室外架空电线保持足够的安全距离,周围应设警戒。室内实训场地净空宜在 4 m 以上,能满足 1~2 步脚手架搭设的要求。每一实训小组有 80 m² 以上的活动空间。

架子工实训需准备的工具有扳手[活动扳手、棘轮扳手、力矩扳手、电动扳手(图 5.1)等]、钢卷尺(图 5.2)、钢丝钳、线锤(又称垂球)、榔头、工具袋(图 5.3)、安全带(图 5.4)、安全帽(图 5.5)、劳保手套(图 5.6)等个人防护用品。

图 5.1 电动扳手　　图 5.2 钢卷尺　　图 5.3 安全带

图 5.4 工具袋　　图 5.5 安全帽　　图 5.6 劳保手套

2. 实训材料

以钢管扣件式脚手架搭设为例，常用搭设材料有扣件（图5.7）、钢管（图5.8）、底座、顶托（图5.9）、脚手板（图5.10）、木垫板、安全网、10～12号绑扎用铁丝等。材料数量根据具体实训项目确定。

搭架前，按搭设方案配齐全部架料，并对钢管、扣件、脚手板、安全网等架料进行清理检查。有不合格的要剔除另行处理，处理方法见表5.1，未经处理的不得上架使用。另外，旧扣件还要对螺栓螺母进行涂油处理。扣件与钢管之间的咬合面严禁沾染油污。

（a）直角扣件　　　　　（b）旋转扣件　　　　　（b）对接扣件

图5.7　扣件

 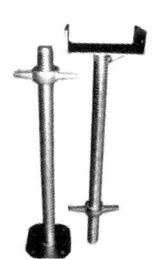 

图5.8　钢管　　　　　图5.9　顶托　　　　　图5.10　钢脚手板

表5.1　搭架前架料检查项目

序号	架料	项目	处理
1	钢管	弯曲	剔除、修整
		压扁	剔除、修整
		严重锈蚀	剔除不用
2	扣件	脆裂	剔除不用
		变形	剔除不用
		滑丝	更换螺栓
3	木脚手板	腐朽、断裂	剔除不用
		变形	剔除、修整
4	竹脚手板	扭曲、变形	剔除不用
		腐朽、断裂	剔除不用
		螺栓松动	更换、紧固螺栓
5	安全网	断绳、腐朽	报废
		局部松散	编制、加固

3. 架子工操作技术要求

（1）操作时必须佩戴安全帽，在架上作业人员应穿防滑鞋和佩挂好安全带。

（2）脚下应有满足搭设要求的脚手板，并应铺设平稳，且不得有探头板。当暂时无法铺设落脚板时，用于落脚或抓握、把持的杆件必须为稳定的构架部分，悬臂杆的着力点与构架节点的水平距离应不大于 0.6 m，垂直距离应不大于 1.5 m。位于杆接头之上的自由立杆不得用作把持杆。

（3）架上作业人员应做好分工和配合，传递杆件掌握好重心，平稳传递。不应用力过猛，免引起人体或杆件失衡。每完成一道工序，要检查合格才能进行下一道工序施工。

（4）当架面高度不够、需要垫高时，一定要采用稳定可靠的垫高办法，且垫高不要超过 500 mm；超过 500 mm 时，应按搭设规定升高铺板层。在升高作业面时，应相应加高防护设施。

（5）杆件端头伸出扣件外边的长度不应小于 100 mm。对接扣件安装时其开口应向内，防止雨水进入，直角扣件安装时开口不得向下，以保安全。

（6）拆卸脚手板、杆件、门架及其他较长、较重、有连接的部件时，必须要多人一起进行。禁止单人进行拆卸，防止因把持杆件不稳、失衡而发生事故。拆除水平杆件时，应松开连接后，水平托持取下。

（7）多人或多组同时进行拆卸作业时，应加强指挥，遵守拆卸程序，不得任意拆卸，不得抛掷杆件和配件。

4. 注意事项

（1）搭设脚手架时，不得使用不合格的架设材料。

（2）钢管有严重锈蚀、压扁或裂纹的不得使用。禁止使用有龟裂、变形、滑丝等现象的扣件。

（3）脚手架严禁钢、竹或钢、木杆件混搭，禁止扣件、绳索、铁丝、塑料带混用。

（4）架设材料要随上随搭，以免放置不当时掉落。

（5）在搭设作业进行中，地面上的人员应避开可能落物的区域。

（6）作业人员应佩戴工具袋，工具和零星配件完工后要装入袋中，不得放在架子上，以免坠落伤人。

5. 脚手架工程技术交底

表 5.2　脚手架工程技术交底

工程名称	××工程	交底部位	B1#楼
分项工程名称	脚手架工程	交底日期	2018-9-1

交底内容：

一、材料准备

（1）脚手架钢管的尺寸、横向水平杆最大长度 2.2 m，其他杆最大长度为 6 m，每根钢管的最大质量不小于 25 kg。

（2）钢管表面平直光滑，无裂缝、结疤、分层、错位、硬弯、毛刺、压痕和深的划痕。

（3）钢管上严禁打孔，钢管在使用前先涂刷防锈漆。

（4）扣件材质必须符合现行国家标准《钢管脚手架扣件》（GB 15831）规定。

① 新扣件具有生产许可证，法定检测单位的测试报告和产品质量合格证。对扣件质量有怀疑时，按现行国家规定标准《钢管脚手架扣件》（GB 15831）规定抽样检测。对不合格品禁止使用。

② 旧扣件使用前，先进行质量检查，有裂缝、变形的严禁使用，出现滑丝的螺栓应进行更换。

③ 新、旧扣件均进行防锈处理。

（5）选用长约 3 m，宽约 0.3 m，厚约 4~5 mm 的楠竹制作的竹串片板。每块质量不大于 20 kg。

（6）连墙杆：使用与架体同材质的钢管，与主体结构（结构柱或边梁）拉接或与预先埋置于楼面的钢筋拉接。

（7）槽钢：采用［18a 号，腰厚 9 mm，翼厚 10.5 mm，自重 22.98 kg/m。其外观尺寸及钢材性能应满足钢结构规程的要求。

（8）钢丝绳：采用 A13（6×37）钢丝绳。应提供其质量证明书。

（9）卡具：采用与 A13 钢丝绳直径配套的钢丝绳卡，型号为 Y4-12。花篮螺丝采用 1.7"CO"型。

（10）预埋件：采用 A16 圆钢制作成所需形状埋设于钢筋混凝土构件中，作为钢丝绳的受力点，连墙杆的受力点以 B25 的短钢筋（或短钢管）埋设（要求：同一位置上下楼层在同一竖向垂直线上）。

（11）安全网：采用密目式 ML-1.8×6　2 000 目/100 cm^2 阻燃安全网。

二、搭设方法

1. 落地式双排脚手架施工方法

搭设尺寸为：立杆的纵距为 1.5 m，立杆的横距为 0.8~0.9 m，立杆的步距 h 为 1.8 m，内立杆离墙不小于 30 cm，小横杆、上、下、左、右交叉设置，二端外伸 10~15 cm 不得过短。

脚手架搭设方法如下：

（1）脚手架应与建筑物拉结，采用刚性连接，从第二层开始，每层拉结，水平每隔 4.5 m，垂直方向每层设拉结点，架体边缘、转角 1 m 范围内必须设拉结点，拉结材料采用短钢管预埋在梁上，上端露出 10 cm 以上，用钢管连接于立杆上。

（2）本工程脚手架在每步架高 0.6 m，1.2 m 处设二道防护栏杆，25~30 cm 处设踢脚板一道，施工层外侧设 18 cm 高的踢脚板，凡在通道口搭设防护棚，其余为密目网全封闭。

（3）脚手片铺设，作业层每层铺设，铁丝绑在大横杆上，每片不得少于 4 个点。

（4）脚手架立杆应高出檐口 1.2 m，顶排外侧用脚手片封闭。

（5）施工层每隔三层用脚手片在内立杆与建筑物之间封闭。

（6）脚手架的杆件搭接必须使用对接，直角扣件，立杆搭接不可在同一水平上，大横杆的搭接应错开,剪刀撑的搭接长度不少于 50 cm,不少于二只扣件紧固。

(7)剪刀撑设置:以转角处起,每隔 9~10 m 设对称一组,转角为 45°~60°之间的剪刀撑,缝边缝角转向与外架同步到顶。

(8)钢管脚手架必须有良好的避雷装置,接地电阻不大于 10 Ω。

(9)搭设外架时,由施工员书面交底,作业人员必须持证上岗。

(10)注意:在原土、回填土以及楼板上搭设脚手架时,立杆底部应铺垫木枋,并加扫地杆,以防止立杆偏移而发生整体倾覆。

2. 悬挑脚手架

(1)在挑排楼层处,即楼面浇混凝土之前,预埋 $\phi 12$ 固定钢筋"Ω"形卡,立杆间距不大于 1.8 m。

(2)悬挑工字钢 18 号。

(3)楼面现浇砼终凝后,将悬挑工字钢与Ω形钢管卡固定焊牢,工字钢与楼面混凝土紧贴,不得有间隙。外挑长度为 $L = 1.25$ m。

(4)外挑工字钢焊牢后,在上层设置 $\phi 12$ 钢丝绳拉住。

(5)为防止整体脚手架向外倾覆必须设置连墙件靠近主节距离不大于 300 mm,连墙体用刚性连墙件,垂直间距每层设置一道,水平间距不大于 4 m,严禁使用仅有拉结作用的柔性连墙件。剪刀撑优先采用菱形布置。

(6)为防止砖块杂物下落,把脚手架固定牢固,外侧密目网全封闭。特别下口与钢管要绑扎牢固。

(7)内侧钢管与墙间隙一层隔一层全封闭,即在架子立杆上固定小横杆,上铺宽 250 mm 的木板。

(8)脚手架不得堆易滑、易滚的杂物,每 4 层脚子架上配置 4 只灭火器,防止火灾发生。

三、脚手架拆除

(1)架子的拆除程序,应由上而下按步的拆除,先拆保护安全网,脚手板和排木,再依次拆十字盖的上部扣件和接杆。拆除下一道剪刀撑以前,必须绑好临时斜支撑,防止架子倾倒禁止采用推或拉的方式拆除。

(2)拆杆或放杆时,必须协同操作,拆下来的钢管要逐根传递下来,不要从高处丢下来。以防将钢管摔坏或发生事故,拆下来的扣件要集中放在工具袋内装满后平稳吊运下来,不要从上面丢下来。

(3)拆除架子时,作业面周围及进出口处必须派专人瞭望,严禁作业人员进入危险区,拆除架子应该加临时围挡,作业区内电线及其设备有妨碍时,应该事先与有关单位联系拆除转移或加防护。

四、安全操作规定

(1)从事脚手架搭设的工人必须经培训考核合格,持特种作业操作证上岗作业,非架子工未经同意不得单独进行作业。

(2)架子工必须经过体检,凡患有高血压、心脏病、癫痫病、晕高或视力不够及不适合登高的,不得从事登高架设作业。

(4)脚手架未经验收合格前,禁止上架子作业。

(5)六级以上强风和大雨、大雪、大雾天气,应停止高空作业。

(6)作业中出现不安全险情时,必须立即停止作业,组织撤离危险区域,报告领导解决,不准冒险作业。

五、其他安全注意事项

(1)除搭设过程中必要的 1~2 步架的上下外,作业人员不得攀缘脚手架上下,应走房屋楼梯或另设安全人梯。

（2）在搭设脚手架时，不得使用不合格的架设材料。作业人员要服从统一指挥，不得自行其是。
（3）架上作业应按规范或设计规定的荷载使用，严禁超载。并应遵守如下要求：

① 作业面上的荷载，包括脚手板、人员、工具和材料，当施工组织设计无规定时，应按规范的规定值控制，维护脚手架不超过 1 kN/m^2。

② 架上作业时，不要随意拆除基本结构杆件和连墙件，因作业的需要必须拆除某些杆件和连墙点时，必须取得施工主管和技术人员的同意，并采取可靠的加固措施后方可拆除。

③ 架上作业时，不要随意拆除安全防护设施，未有设置或设置不符合要求时，必须补设或改善后，才能上架进行作业。

④ 多人或多组进行拆卸作业时，应加强指挥，并相互询问和协调作业步骤，严禁不按程序进行的任意拆卸。

⑤ 因拆除上部或一侧的附墙拉结而使架子不稳时，应加设临时撑拉措施，以防因架子晃动影响作业安全。

⑥ 拆卸现场应有可靠的安全围护，并设专人看管，严禁非作业人员进入拆卸作业区内。

⑦ 严禁将拆卸下的杆部件和材料向地面抛掷。已吊至地面的架设材料应随时运出拆卸区域，保持现场文明。

未尽事宜请及时与交底人联系！如与上级有关规定相抵触，按上级规定执行。

技术负责人：　　　　　　交底人：　　　　　　接收人：

6. 脚手架基本知识

1）脚手架分类

脚手架种类繁多，常见脚手架划分依据及分类如表 5.3 所示。

表 5.3　脚手架分类

序号	划分依据	分类
1	按搭设材料划分	木脚手架、竹脚手架、钢管脚手架
2	按用途划分	结构脚手架、装饰脚手架、修缮脚手架、防护用脚手架、支撑脚手架
3	按搭设位置划分	外脚手架：搭设在建筑物外围的脚手架统称
3	按搭设位置划分	内脚手架：搭设在建筑内部的脚手架统称
4	按脚手架的结构形式	多立杆脚手架、门式脚手架、梯式钢管脚手架、桥式脚手架、工具式脚手架、台架、其他各种框式构件组装的鹰架
5	按脚手架的设置形式	单排脚手架：只有一排立杆的脚手架
5	按脚手架的设置形式	双排脚手架：具有两排立杆的脚手架
5	按脚手架的设置形式	多排脚手架：具有 3 排以上立杆的脚手架
5	按脚手架的设置形式	满堂脚手架：按施工作业范围满设的、两个方向各有 3 排以上立杆的脚手架
5	按脚手架的设置形式	封圈脚手架：沿建筑物或作业范围周边设置并相互交圈连接的脚手架

脚手架的选型应根据工程特点、使用要求、材料配备等因素综合考虑，力求安全、坚固、适用、经济。

2）脚手架专业术语

（1）敞开式脚手架：敞开式脚手架指脚手架外侧未做封闭处理，仅在操作层设有脚手板、防护栏杆和挡脚板的脚手架。

（2）封闭式脚手架：封闭式脚手架指脚手架外侧用立网、竹笆、钢丝网、塑料布等材料进行封闭处理的脚手架，有全封闭、半封闭和局部封闭几种。

（3）封圈形脚手架：封圈形脚手架指脚手架沿建筑物外围（周边）交圈设置，各边的脚手架相互有可靠连接。

（4）开口形脚手架：开口形脚手架指建筑物周边没有形成交圈连接的脚手架。

（5）一字形脚手架：一字形脚手架指脚手架只沿建筑物一侧布置，属开口形脚手架。

（6）扣件式钢管脚手架：扣件式钢管脚手架为建筑施工而搭设的、承受荷载的由扣件和钢管等构成的脚手架与支撑架。如图 5.11。

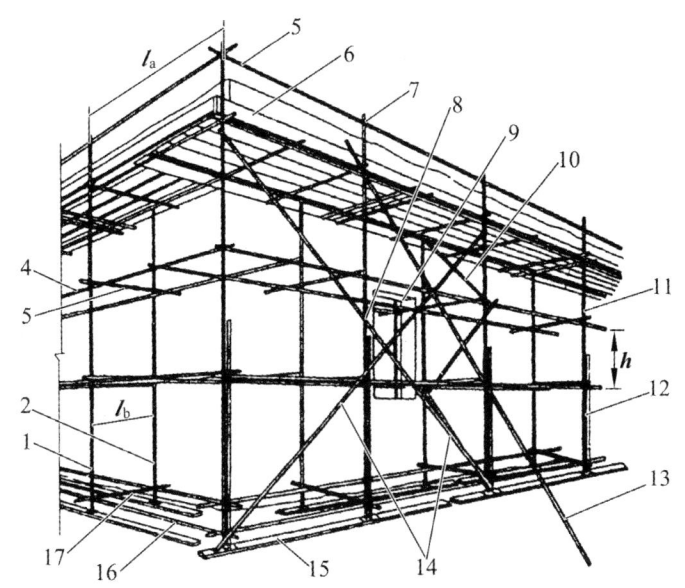

1—外立杆；2—内立杆；3—横向水平杆；4—纵向水平杆；5—栏杆；6—挡脚板；
7—直角扣件；8—旋转扣件；9—连墙件；10—横向斜撑；11—主立杆；
12—副立杆；13—抛撑；14—剪力撑；15—垫板；
16—纵向扫地杆；17—横向扫地杆

图 5.11 双排扣件式钢管脚手架各杆件位置

（7）支撑架：支撑架为钢结构安装或浇筑混凝土构件等搭设的承力支架。

（8）满堂扣件式钢管脚手架：满堂扣件式钢管脚手架在纵、横方向，由不少于三排立杆并与水平杆、水平剪刀撑、竖向剪刀撑、扣件等构成的脚手架。该架体顶部施工荷载通过水平杆传递给立杆，立杆呈偏心受压状态，简称满堂脚手架。

（9）满堂扣件式钢管支撑架：满堂扣件式钢管支撑架在纵、横方向，由不少于三排立杆并与水平杆、水平剪刀撑、竖向剪刀撑、扣件等构成的脚手架。该架体顶部钢结构安装等（同类工程）施工荷载通过可调托轴心传力给立杆，顶部立杆呈轴心受压状态，简称满堂支撑架。

（10）立杆（立柱）：立杆（立柱）平行于建筑物并垂直地面的杆件，是承受自重和施工荷载的主要受力杆件。

（11）纵向水平杆（大横杆）：纵向水平杆（大横杆）平行于建筑物，在纵向连接各立柱的水平杆，是承受并传递施工荷载给立柱的主要受力杆件。

（12）横向水平杆（小横杆）：横向水平杆（小横杆）垂直于建筑物，横向连接内、外排立柱的水平杆件，是承受并传递施工荷载给立柱的主要受力杆件。

（13）单排脚手架：单排脚手架只有一排立杆和大横杆，小横杆的一端伸入墙体内，一端搁置在大横杆上的脚手架。

（14）双排脚手架：双排脚手架由内、外两排立杆和纵向水平杆、横向水平杆等杆件构成的脚手架。

（15）主节点：主节点指脚手架上立杆、纵向水平杆、横向水平杆三杆紧靠的扣接点。

（16）作业层（操作层、施工层）：作业层（操作层、施工层）指施工人员作业（操作、施工）的脚手架铺板层，即操作平台。

（17）步距：步距指上下水平横杆轴线间的距离。

（18）立杆横距：立杆横距指双排架内、外立杆之间的轴线距离。单排脚手架为外立杆轴线至墙面的距离。

（19）立杆纵距（跨距）：立杆纵距（跨距）指脚手架纵向（铺脚手架板方向）的立杆间距。

（20）扫地杆：扫地杆是贴近地面连接立杆根部的水平杆。其作用是约束立杆下端部的移动。

（21）连墙件：连墙件是连接脚手架与建筑物的构件。分刚性连墙件和柔性连墙件两种。刚性连墙件采用钢管、扣件或预埋件组成，柔性连墙件是用钢筋（或铁丝）作拉筋构成连墙件。

（22）抛撑：抛撑是与脚手架外侧面斜交的杆件。起支撑作用，防止脚手架向外倾覆。

（23）剪刀撑：剪刀撑是在脚手架外侧面成对设置的交叉斜杆。其主要作用是增强脚手架整体刚度和稳定性，斜杆与地面夹角 45°～60°。

（24）横向斜撑：横向斜撑是与双排脚手架内、外立杆或水平杆斜交，上下连续呈"之"字形布置的斜杆。作用与剪刀撑类似。

（25）安全栏杆：安全栏杆也叫防护栏杆、护身栏杆，由上下 2 根水平杆和立柱组成，上道栏杆高度为 1～1.2 m，防止高处作业人员坠落。

3．工地现场安全设施

架子工是高处作业，容易发生高处坠落和坠物伤人事故，架子工必须具备基本的安全生产知识。施工现场必须具备必要的安全设施，如安全栏杆、防护棚、安全网等。

（1）安全栏杆：在临边作业时，施工现场人行通道两侧，应设置安全栏杆。安全栏杆由 2 道栏杆立柱组成，上栏杆高度 1 200 mm，下栏杆高度 500～600 mm，材料可用型钢、钢管、钢筋、毛竹、杉槁做成，各类栏杆的制作要符合相关构造要求。

（2）防护棚：用来防止物料坠落，或避免、减轻坠落物伤害的板或棚。有水平防护棚和垂直防护棚两类。在人行通道处、建筑出入口处以及高层建筑周边应设置水平防护棚。在城区施工的建筑，建筑四周除设置安全立网外，必要时，还应设置垂直防护棚。防护棚及其支撑架应能承受上部坠落物的冲击。可用竹笆、竹串片脚手板、木脚手板、钢板或钢板网等材料作顶板，用钢管、毛竹、杉槁等作支撑架。其尺寸、位置、构造做法应符合相关规定。

（3）安全网：用来防止人、物坠落，或用来避免、减轻坠落及物击伤害的网具。网目边长不大于 100 mm，能承受 100 kg 底面积为 260 000 mm^2 的模拟人形沙包冲击。密目安全网要求在每 10 000 mm² 的面积上，不少于 2000 目，用 5 kg 的钢管，在距网中心 3 m 高处自由落下，砸到与地面成 30°的网面上不穿透。

◆ 实训项目一　搭、拆直线型双排落地扣件式钢管外脚手架

1. 实训任务

工作任务：搭、拆双排落地扣件式钢管外脚手架，平、立、剖面图分别如图 5.12、图 5.13、图 5.14 所示。

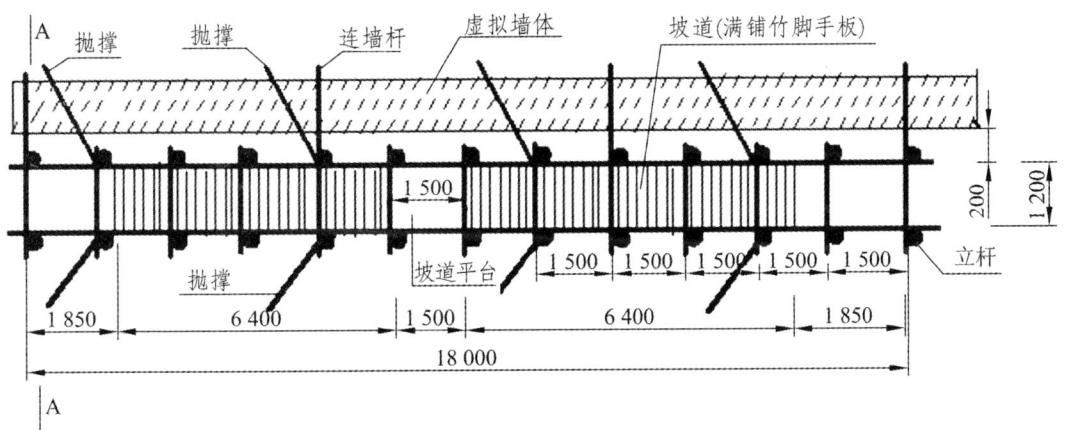

图 5.12　平面示意图

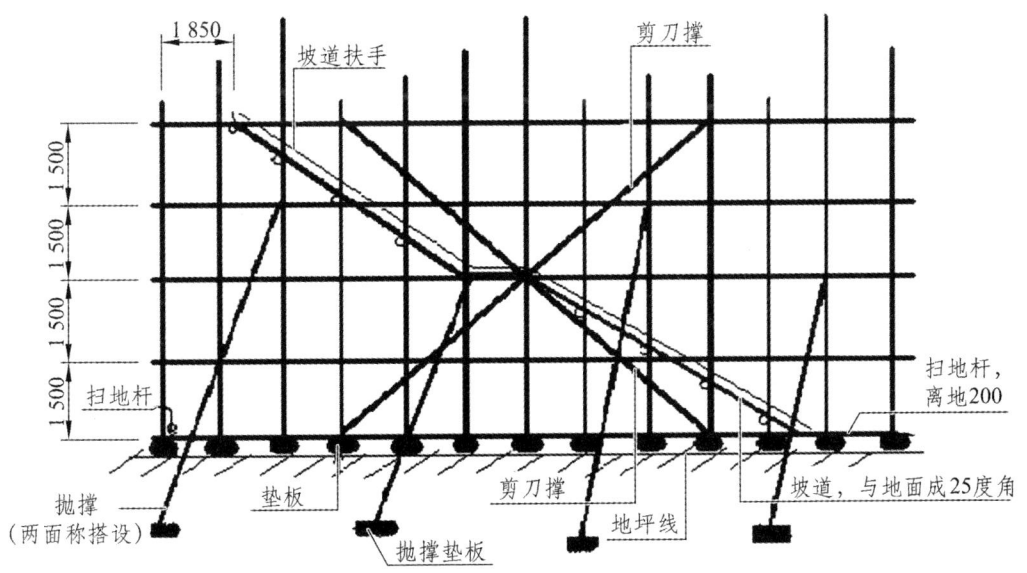

图 5.13　立面示意图（立面满挂密目网）

135

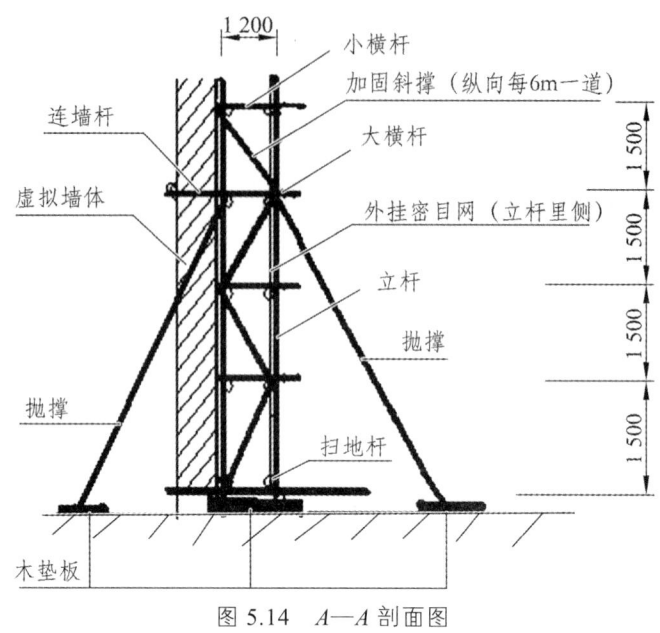

图 5.14 A—A 剖面图

2. 任务准备

1)材料准备

双排落地扣件式钢管外脚手架材料准备如表 5.4。

表 5.4 实训所需材料表

项 目	规 格	数 量
脚手钢管	6 m 或 6.5 m	共计 85 根
脚手钢管	4 m	75 根
脚手钢管	2.2 m	100 根
直角扣件		180 个
旋转扣件		100 个
对接扣件		75 个
脚手板(含马道挡脚板,250 宽)		90 块
垫木(50 mm×250 mm×3 600 mm)		18 块
密目安全网		130 m²
18#铅丝		若干
警戒绳		50 m
安全带、安全帽等防护用品		每人领取一套
工器具		每组一套

2）技术准备

（1）搭设材料检查。

① 搭设脚手架全部采用ϕ48 mm，壁厚 3.5 mm 的钢管，其质量符合现行国家标准规定。

② 脚手架钢管的尺寸，横向水平杆最大长度 2.2 m，其他杆长度为 4 m、6 m、6.5 m。

③ 钢管表面平直光滑，无裂缝、结疤、分层、错位、硬弯、毛刺、压痕和深的划痕。

④ 扣件材质必须符合现行国家标准《钢管脚手架扣件》（GB 15831—2006）规定。

⑤ 脚手板用毛竹脚手板。

⑥ 密目式安全网必须有建设主管部门认证的产品。

（2）场地检查

场地硬化，且不得有积水、酥松现象。

（3）脚手架设计尺寸核对。

① 脚手架步距为 1.5 m。

② 立杆纵距为 1.5 m，横距为 1.2 m。

③ 剪刀撑设置为间距 9 m（6 跨）一排剪刀撑。

④ 连墙杆件设置为竖向每层、水平向为四跨。

⑤ 抛撑每边不少于 4 根。

（4）纵向、横向水平杆。

① 纵向水平杆设置在立杆内侧，其长度不小于 3 跨。纵向水平杆接长采用对接扣件连接，交错布置，两根相邻纵向水平接头设置相互错开不小于 500 mm，各接头中心至最近主节点的距离不大于纵距的 1/3。

② 纵向搭接长度不小于 1 m，并等间距设置 3 个旋转扣件固定，端部扣件盖板边缘至搭接纵向水平杆杆端的距离不小于 100 mm。

③ 纵向水平杆的各节点处采用直角扣件固定在横向水平杆上。

④ 横向水平杆的各个节点处必须设置并采用直角扣件扣接且严禁拆除。

⑤ 坡道（马道、斜道）脚手板，满铺到位，不留空位。四角用 18 铁丝双股并联绑扎，固定在纵向水平杆上，要求绑扎牢固，交接处平整，无空头板。

（5）立杆。

① 每根立杆垂直稳放在垫板上。

② 脚手架里立杆距离墙体净距为 200 mm。

③ 脚手架必须设置纵、横向扫地杆。纵向扫地杆采用直角扣件固定在距离底座上不大于 200 mm 处的立杆上。横向扫地杆亦采用直角扣件固定在紧靠纵向扫地杆下方的立杆上。

④ 立杆必须用连墙件与虚拟建筑物连接。

⑤ 立杆接长，立杆上的对接扣件交错布置，两根相邻立杆的接头相互错开，不设置在同步内，同步内隔一根立杆的两个相隔接头在高度方向错开的距离不小于 500，各接头中心至

主节点的距离不大于步距的 1/3。

（6）连墙件。

因现场不可能有墙体来连接脚手架，但在搭设时，应留出连墙杆的位置，并有明显的标志伸出脚手架外。

① 连墙件数量的设置，坚向间距为每层，横向间距为 4 跨。

② 连墙件的布置：首先，宜靠近主节点设置，偏离主节点的距离不应大于 300 mm；其次，应从底层第一步纵向水平杆处开始设置。

（7）剪刀撑、安全网。

① 每道剪刀撑跨越立杆的根数 6 根（小于 9 m）。

② 与地面的倾角宜在 45°~60°之间。

③ 剪刀撑斜杆的接长宜采用搭接，搭接长度不应小于 1 m；两根撑杆须交错布置，同立杆的交错相同。

④ 剪刀斜杆应用旋转扣件固定在与相交的横向水平杆的伸出端或立杆上，旋转扣件中心线至主节点的距离不宜大于 150 mm。

⑤ 脚手架外侧必须用建设主管部门认证的合格的密目式安全网封闭，且应将安全网固定在 脚手架外立杆里侧，应用 18# 铅丝张持严密。

3. 操作步骤

1）搭设方案

扣件式双排钢管脚手架搭设一般顺序是：里立杆→外立杆→小横杆→大横杆→扫地杆→连墙杆→铺坡道脚手板→搭坡道扶手→铺坡道挡脚板→板安全网。

（1）脚手架必须配合进度搭设，一次搭设高度不应超过相邻连墙件以上两步，保证搭设过程中的稳定性。

（2）每搭完一步脚手架后，按规定校步距、纵距、横距、立杆的垂直度。

（3）竖立杆时应由两人配合操作。

（4）大、小横杆与立杆连接时，也必须两人配合。

2）拆除方案

（1）脚手架拆除前应由裁制对所搭架子进行全面检查与评定后，脚手架方可拆除。

（2）拆除脚手架应设置警戒，禁止非操作人员通行或逗留。

（3）长立杆、剪刀撑的拆除应由二人配合进行，不宜单独作业，必要时应加设临时固定支撑，防止意外。

（4）拆除脚手架按自上而下先装后拆，后装先拆的顺序。

（5）拆除顺序为：安全网—剪刀撑—坡道—连墙杆—大横杆—小横杆—立杆，自上而下拆除，一步一清，不得采用踏步式拆除，不准上、下同时作业。

（6）拆卸的钢管与扣件应分类堆放，严禁高空抛掷。

（7）吊下的钢管与扣件运到地面时应及时按品种规格堆放整齐。

（8）工完场清。

4. 质量要求及验收标准

1）脚手架搭设质量要求

脚手架的搭设应将质量要求和安全要求有机地统一起来，确保搭设过程以及拆除过程的安全与适用。

（1）搭设前，小组的组长应按脚手架的方案要求，对架子工进行安全技术交底，并对搭设材料进行规格和质量是否符合要求进行检查。

（2）熟悉图纸和查看现场，掌握平面和立面的构造特点，环境条件，按照现行行业标准《建筑施工扣件式钢管脚手架安全技术规范》（JGJ 130）中构造要求，具体实施搭设步骤。

（3）架子工必须戴好安全帽、佩安全带、必须穿鞋，严禁穿塑料底鞋，皮鞋等硬底易滑的鞋子登高作业。操作工具及小零件要放在工具袋或胶皮桶内，扎紧衣袖口，领口及裤腿口，以防钩挂发生危险。

（4）搭设的架子要有足够的稳定性和坚固性，不得摇晃、倾斜、沉陷或倒塌。

2）验收标准

扣件式钢管脚手架的检查和验收《建筑施工应符合现行行业标准扣件式钢管脚手架安全技术规范》（JGJ 130）的要求。

5. 学生工作单和实训考核验收表

（1）扣件式钢管脚手架搭设学生工作单，见表 5.5。

表 5.5 扣件式钢管脚手架搭设学生工作单

实训项目	扣件式钢管脚手架搭设		实训时间		实训地点	
姓名			班级		指导教师		成绩	
知识要点				评分权重30%		得分：	
1. 脚手架的作用							
2. 脚手架的分类							
3. 扣件式钢管脚手架有哪些配件？							
操作要领				评分权重50%		得分：	
1. 扣件式钢管脚手架搭设准备工作有哪些？							
2. 扣件式钢管脚手架搭设应注意哪些安全？							
3. 搭设场地的要求如何？							
4. 脚手架搭设一般流程是什么？							
5. 脚手架拆除顺序							
实作的收获、遇到的问题及处理的方法、有什么可以改进的地方？				评分权重：20%		得分：	

（2）扣件式钢管脚手架搭设考核验收表，见表 5.6，表 5.7。考核分两部分，一部分为架体质量考核，一部分为过程操作规范考核。

表 5.6　扣件式钢管脚手架搭设考核验收表

工位号：　　　　　　　组长：　　　　　　　日期：

序号	考核项目	允许偏差	评分标准	检查方法	标准分	检查点数					得分
						1	2	3	4	5	
1	主节点各扣件的中心点距离	≤150 mm	大于 150 mm 每处扣 2 分	钢卷尺	5						
2	节点紧固	40 N·m	每有一处扣 3 分	定扭扳手	8						
3	扣件方向	对接扣件开口朝内，螺栓向上，直角扣件不能向下	每错一处扣 4 分	查看	7						
4	立杆垂直度	±20 mm	每超过一处扣 2 分，绝对值超过 40 mm，不得分	吊线	8						
5	大横杆水平度	一根杆两端高低差不大于 20 mm，两根杆同跨内高低差不超过 10 mm	大于 20 mm，每根扣 2 分	塔尺或拉线	8						
6	立杆间距	按图：纵距 1 500 mm；横距 1 200 mm	超过 20 mm 扣 2 分；超过 50 mm 扣 4 分	钢尺	5						
7	步距	按图 1 500 mm	±50 mm 超过一处扣 3 分	钢尺	5						
8	小横杆外伸长度	≥150 mm	小于 150 mm 每处扣 2 分	卷尺	8						
9	剪刀撑设置	位置正确；角度正确；构造正确	扣接点数少于 3 点扣 2 分，角度不正确扣 2 分，位置不正确扣 2 分	卷尺，查看	5						
10	抛撑设置	位置正确，拉接可靠	位置不正确扣 2 分，无拉结措施扣 2 分，拉结不牢扣 2 分	敲击、摇动	5						
11	马道脚手板	铺平、铺稳	有不平不稳每处扣 2 分	查看	5						
12	正确穿戴防护用品	穿戴正确，松紧合适，	穿戴不正确，过松或过紧，每人扣 1 分	查看	3						
13	工效		低于规定步数扣 6 分	查看	8						
	合计				80	此为第一部分考核，权重 80%					
	得分										
组员签名											

表 5.7 扣件式钢管脚手架搭设规范操作评分标准

工位号：　　　　　　　组长：　　　　　　　日期：

序号	评分项目		标准分	评定得分
1	搭设作业	准备工作	1	
2		架设顺序	1	
3		传递架料	1	
4		使用工具	1	
5		上架动作	1	
6		架上作业	1	
7		紧固件操作	2	
8		接杆操作	1	
9		架立杆操作	1	
10		个人防护用品使用	2	
11		团队合作是否协调	1	
12		是否听从工作人员指挥	2	
13		小　计	15	
14	拆除作业	传递架料	1	
15		拆除顺序	1	
16		安全警戒	1	
17		架料归类堆放	1	
18		工完场清	1	
19		小　计	5	
	合　计		20	此为第二步考核，权重20%
	得分			
组员签名				

注：以上项目按以下原则评分：
（1）项目操作是否正规；
（2）操作动作是否熟练；
（3）配合作业是否默契；
（4）班组长组织协调是否恰当；
（5）是否听从工作人员指挥；
（6）是否有事故征兆。

◆ 实训项目二 搭设 L 形双排落地扣件式钢管脚手架

1. 实训任务

搭设 L 形双排落地式脚手架,脚手架的平面图和立面图如图 5.15 所示,立杆间距、横杆步距均为图中尺寸。

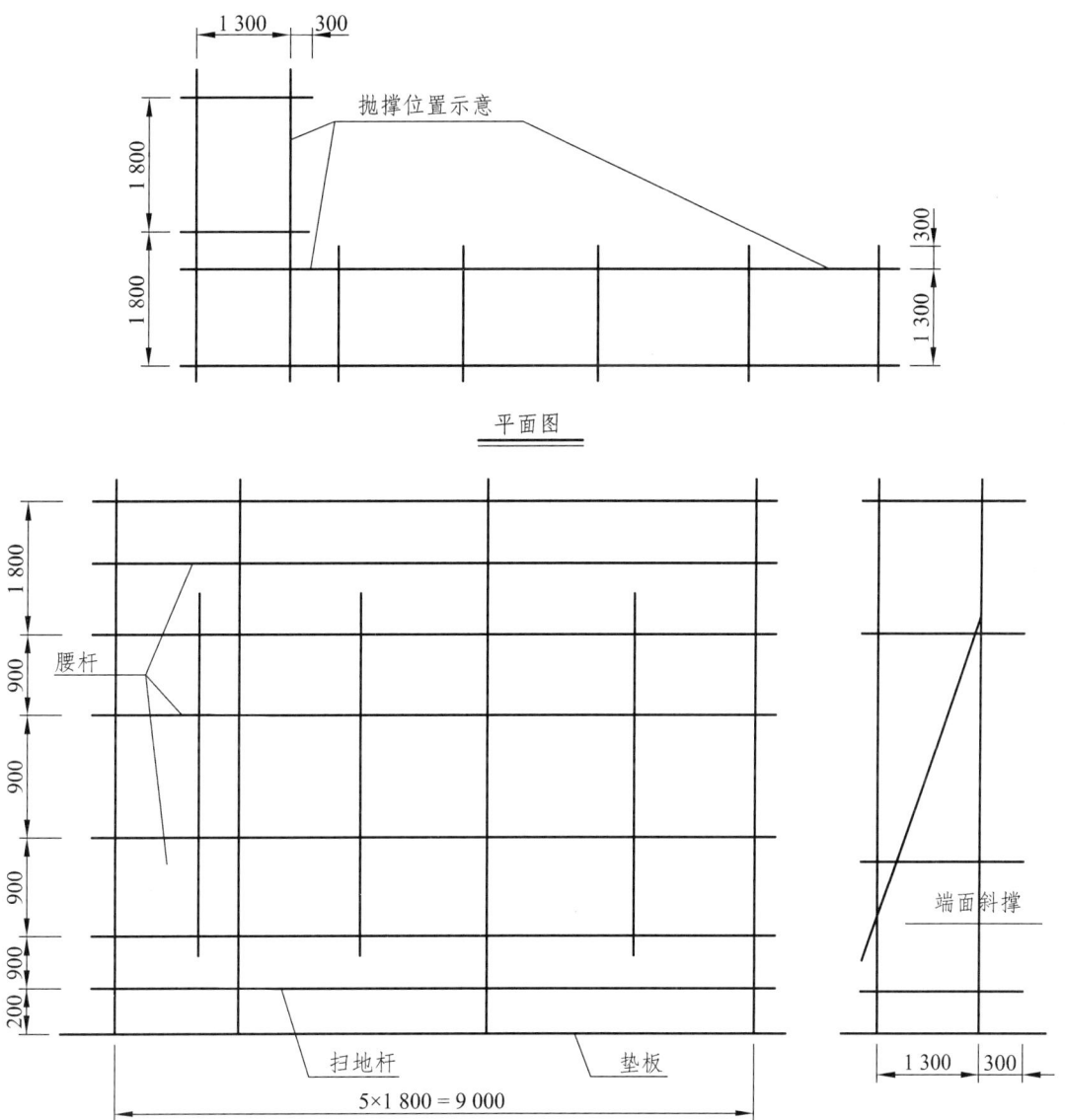

图 5.15 L 形双排落地式脚手架示意图(单位:mm)

2. 材料准备

搭设材料按表 5.8 准备。

表 5.8 L 形双排落地脚手架所需材料表

项目	规格	数量
脚手钢管	6 m	34 根
脚手钢管	4 m 或 4.5 m	30 根
脚手钢管	2.0 m	36 根
直角扣件		134 个
旋转扣件		10 个
对接扣件		12 个
脚手板（含马道挡脚板，250 宽）		2 块
垫木（50 mm×250 mm×3 600 mm）		18 块
安全带、安全帽等防护用品		每人领取一套
工器具		每组一套

2. 技术准备

1）场地条件

地面坚实，基本平整，周边无障碍物（每工位 9.0 m×4.0 m；相邻工位左右间隔 3.0 m，前后间隔 3 m）。

2）搭设要求

（1）整体布置。

按图 5.15 所示尺寸及形状搭设扣件式钢管脚手架。平面形状 L 型，长边 9.0 m，短边 4.0 m，高度 5.4 m（三步架，第三步架不搭设小横杆），立杆横距 1.3 m，纵距 1.8 m，大横杆步距 1.8 m。

（2）细部构造。

① 内侧各步架增设 0.90 m 高防护栏杆（腰杆）。

② 立杆用 6.0 m 和 4.5 m（或 4.0 m）两种规格钢管交叉配置，不接长。

③ 长边大横杆用 6.0 m 和 4.5 m（或 4.0 m）两种规格钢管交叉接长；短边大横杆用 4.5 m（或 4.0 m）钢管，不接长。

④ 小横杆伸出内排立杆 0.30 m（净长）。

⑤ 内外侧，长边两端各设一道抛撑，短边端部设一道抛撑。

⑥ 长边端部设一道端面斜撑。

4. 质量标准

见《架子工操作竞赛评分表》评分标准要求，表中未列项目按现行行业标准《建筑施工扣件式钢管脚手架安全技术规范》(JGJ 130)规定执行。

5. 操作步骤

搭设方案和拆除方案可参考本单元实训项目一中的操作步骤。

6. 质量要求及验收标准

质量要求及验收标准可参考本单元实训项目一中的质量要求及验收标准

7. 学生工作单和实训考核验收表

(1) L形双排落地扣件式钢管脚手架学生工作单，见表5.9。

表5.9 扣件式钢管脚手架搭设学生工作单

实训项目	扣件式钢管脚手架搭设		实训时间		实训地点	
姓名			班级		指导教师	成绩
知识要点				评分权重30%		得分:
1. 脚手架的作用						
2. 脚手架的分类						
3. 扣件式钢管脚手架有哪些配件?						
操作要领				评分权重50%		得分:
1. 扣件式钢管脚手架搭设准备工作有哪些?						
2. 扣件式钢管脚手架搭设应注意哪些安全?						
3. 搭设场地的要求如何?						
4. 脚手架搭设一般流程是什么?						
5. 脚手架拆除顺序						
实训的收获、遇到的问题及处理的方法、有什么可以改进的地方?				评分权重: 20%		得分:

（2）L形双排落地扣件式钢管脚手架考核验收表，见表5.10。

表5.10 L型双排落地扣件式钢管脚手架考核验收表

工位号： 组长： 日期：

序号	验评项目	标准分值	评分标准	检查点实测值					实得总分
				1	2	3	4	5	
1	立杆定位	10	纵距误差超过20 mm扣1分；超过30 mm扣2分；横距超过10 mm扣2分；超过30 mm扣3分。（查5处）						
2	扫地杆水平度	5	超过15 mm扣2分；超过20 mm扣3分。（全数检查）						
3	扫地杆、大横杆接头	5	相邻接头错位不足500扣5分。（全数检查，不计腰杆）						
4	横杆定位（步距）	10	误差超过±20 m扣1分；超过±30 m扣2分。（查3处）						
5	大横杆水平度	5	查长边大横杆两根。超过20 mm扣1分；超过30 mm扣2分。						
6	扣件紧固力矩	5	40～65 N·m。小于40 N·m每处扣1分；小于30 N·m每处扣2分；大于65 N·m每处扣1分。（查5处）						
7	扣件方向	5	直角扣件方向有一处错5分；对接扣件扣件有一处错误扣3分。（全数检查）						
8	抛撑角度	5	45～60°。小于45°每处扣5分；大于60°每处扣5分。（全数检查）						
9	抛撑、斜撑连接	5	支撑方式可靠、稳定，与脚手架连接部位（抛撑靠近主节点300以内）正确。不符合要求扣1~5分。（全数检查）						
10	小横杆内侧外伸长度	5	内侧外伸长度小于300±10 mm。每处扣2分；大于300±10 mm每处扣5分。最小处小于100 mm扣5分。（全数检查）						
11	大横杆外伸长度	5	小于100 mm每处扣5分。（全数检查）						
12	立杆垂直度	10	偏差大于10 mm扣1分；大于20 mm扣2分；大于30 mm扣3分；大于40 mm扣5分。（查5处）						
13	整体效果	10	各杆接头顺直；小横杆内侧伸出长度一致；抛撑角度一致，支撑可靠；转角处横杆搭接正确，L转角垂直；扫地杆距地尺寸符合要求（最低处扫地杆上口距地不小于200 mm）；立杆间距均匀；步距均匀；腰杆高度准确、接头可靠等						
14	文明施工	5	作业过程：有序操作、遵守规则；竞赛结束：工完场清、余料堆放整齐						
15	施工安全	5	酌情评分						
16	工效考核	5	按时完成得满分						
17	合计总分	100							
	得分								

组员签名

综合实训任务指导书：钢筋混凝土模板模拟制作

实习项目名称	钢筋混凝土模板模拟制作（模型制作）综合实训				
适用专业		实施学期		总学时	2周（48学时）
项目类型	实训操作	项目性质	操 作	考核形式	考 查
教研室		撰写人		职称	

一、实训教学目的与基本要求

钢筋混凝土模板模拟制作实训的目的是让学生通过完成特定脚手架、模板的设计和钢筋制作，即按照特定图纸，依照相应施工规范、标准，编写相应施工方案，再依照施工方案，按比例制作脚手架支架、模板、梁、板、柱钢筋，并模拟现场施工操作。

通过本次实训能使学生获得一定的建筑施工技术的实践知识和生产技能操作体验，提高学生的动手能力并巩固所学的专业理论知识，学会使用现阶段行业内使用的脚手架设计的常用软件，查阅《混凝土结构施工图平面整体表面方法制图规则和构造详图》（16G101）平法图集进行钢筋下料、模拟制作，为顶岗实习、就业打下必要的基础。

本实训是适合学生在已经学习了《建筑材料》《工程测量》《建筑施工技术》《平法图集》等课程的部分内容后进行的生产性实习。

二、实训教学的内容、任务和条件

1. 内容

1）主体结构模板模拟施工（模型制作）实训

（1）现浇楼板的模板制作及钢筋安装，框架梁、柱的模板制作及钢筋安装，板式楼梯的模板制作及钢筋安装。

（2）脚手架的设计搭设。

2. 任务

以小组为单位（以 4~6 人为一组）在规定时间内完成实训内容（项目由指导老师指定，模型比例 1:10 自定）。

3. 制作步骤

1）材料和工具准备

组织学生（以组为单位）领取以下材料和工具：

（1）材料方面：1#图板 1 张，1 次性木筷 1 箱，18#、16#铁丝各 1 kg，热熔胶枪 1 把。

（2）工具方面：老虎钳 1 把、尖嘴钳 2 把、钢筋剪断钳 1 把、美工刀 1 把、丁字尺 1 把。

2）图纸准备

（1）图纸要求：实训图纸可选择办公楼（整体或局部）、住宅楼（整体或局部）、食堂（整体或局部）、教学楼、车库（独立柱基、梁式或筏板式）等已建或在建项目。要求难度适中、梁、板、柱、楼梯完整。

（2）制作前准备应包括以下内容：

① 在指导教师的指导下学习品茗安全计算软件，并确定脚手架设计图。
② 根据项目具体情况，设计测量控制点（内控法），并绘制布置图（可电脑绘制、仅表示单层）。
③ 按照《平法图集》填写钢筋下料单。

3）模板工程模型制作

（1）确定制作比例：轴线比例自定，柱、梁、板、楼梯构件比例1：10。

（2）弹线：按设计及相应比例，依据测量内控点将轴线、构件外轮廓线弹（绘）在1#图板上。

（3）制作包括以下内容：

① 柱：底木框、侧拼板、柱箍、梁柱交接处衬口挡、柱撑、柱侧拼板应设清扫口、梁柱交接口。
② 梁：梁底模板、梁侧模板、支撑、夹木、短撑木、托木、上斜撑、支撑水平拉条、支撑垫块。
③ 板：楼板模板、楞木、杠木、支撑等，并在楼板上做出测量控制点向上传递。
④ 楼梯：楼梯底模板、外帮板、反三角板、斜撑、踢面模板等。

（4）安装应按以下顺序进行：

① 柱：底框→柱模→柱箍。
② 梁、板：钢管支撑→底模→侧模→夹木→短撑木→托木→杠木撑→支撑水平拉条→杠木→楞木→楼板底模。
③ 楼梯：斜撑→水平拉条→楞木→底模→外帮板→反三角→踢脚侧板。

（5）钢筋制作：在最后一层，用铁细模拟制作梁、板、柱、楼梯钢筋。

（6）制作图签。

模型制作完成后，应在底板的右下角贴上图签，并注明：模型名称；学校、班级及组别名称；指导教师、组长及小组成员姓名；制作日期；比例。可参考图1。

学校：		指导老师：
班　别	模 型 名 称	组长： 组员：
组　别		
比　例		
制作日期		

图1　图签格式

4. 条件

（1）模型底板为1#图板大小或稍大。
（2）模型的模板、脚手架、支撑体系采用木卫生筷条，固定黏结材料采用热熔胶枪；
（3）模型的钢筋采用铁丝制作，绑扎采用热熔胶枪；

三、实训时间安排、地点

项目		实　习　内　容	时　间		实习地点
			天	周	
模型制作	1	材料等准备工作	1	2	模板模拟实训室
	2	设计准备	1		
	3	模型制作	7.5		
	4	作品检评	0.5		

说明：实习具体时间填写在本任务书封面。

四、成绩考核方式和实训教学的组织管理

1. 成绩考核方式

1）成绩考核方式

对实习制作成果进行检评打分，考核项目及评分标准详见附表。

2）成绩评定

成绩由指导教师根据每位学生的实习报告和提交的成果资料，制作成果得分情况以及个人在实习中的表现进行综合评定。

（1）实习报告和提交的资料：30%（按个人资料评分）。

（2）模型制作（模拟施工）：70%（按组评分）。

（3）个人在实习中的表现分为四等，具体等级及得分系数为：积极认真（×1.0）、一般（×0.85）、差（×0.7）、很差（×0.5～0）。

2. 实习教学的组织管理

1）实习指导方式

指导教师以集中讲解、分步指导、巡视检查的方式进行指导。

2）实习组织管理

（1）由学院领导、实习指导教师、实习班辅导员组成实习领导小组，全面负责实习工作。

（2）以班级为单位，班长全面负责，下设若干个小组（以6～8人为一组），各组设组长一名。组长负责本组同学实习事务工作（包括纪律监督，事务联系，集合等）。

（3）实习态度和纪律要求：

① 学生要明确实习的目的和意义，重视并积极自觉地参加实习。

② 实习过程需谦虚、谨慎、刻苦、好学、爱护国家财产，遵守国家法令；遵守学校及施工现场的规章制度。

③ 服从指导教师的安排，同时每个同学必须服从本组组长的安排和指挥。

④ 小组成员应团结一致，互相督促、相互帮助；人人动手，共同完成任务。

⑤ 实习期间要遵守学院的各项规章制度，正常参加早操和晚自习。不得迟到、早退、旷课，不得随意请事假，病假需有医生证明。点名2次不到者或请假超过2天者，实习成绩为不及格。

（4）在实习过程中应按指导书上的要求达到实习的目的。

（5）实习过程结束后两天内，学生必须上交实习总结。实习总结应包括：实习内容、技术总结、实习体会等方面的内容，要求字数不少于1 500字。

五、有关说明

模型制作前应组织各组同学对历届学生所完成的模板工程模型进行参观，加强学生对所要进行的模板工程模型制作的感性认识。本实训指导书在附图中提供示例图。

六、附实习学生分组名单（可另附页）

附表

模板工程模型制作考核项目及评分标准

班别			组别		模型名称			
组长			组员					
序号	考核项目		评分标准			分值	实得分	评分老师
1	设计方面	脚手架设计	计算正确、尺寸合理			10		
		测量主控点设计	主控制点布局合理、尺寸合理。			5		
		模板设计	支撑体系正确、完整			10		
		钢筋下料单	下料单正确			5		
2	模板（安装）制作	模板构件齐全	1. 柱：底木框、侧拼板、柱箍、柱撑、梁柱交接处衬口挡、柱侧拼板应设清扫口、梁柱交接口等。 2. 梁：梁底模板、梁侧模板、琵琶撑、夹木、短撑木、托木、上斜撑、支撑水平拉条、支撑垫块等。 3. 板：楼板模板、楞木、杠木、杠木撑等。 4. 楼梯：楼梯底模板、外帮板、反三角板、斜撑、踢面模板等。			20		考评时间 年 月 日
		模板安装程序正确	柱：底框→柱模→柱箍 梁、板：琵琶撑→底模→侧模→夹木→短撑木→托木→杠木撑→支撑水平拉条→杠木→楞木→楼板底模 楼梯：斜撑→水平拉条→楞木→底模→外帮板→反三角板→踢脚侧板。			20		
3	钢筋安装		钢筋安装正确			15		
4	精致程度		制作美观、精致			5		
5	复杂程度		复杂程度适中			5		合计得分 分
6	牢固程度		制作牢固			5		

模型示例

图 2

图 3

图 4

图 5

图 6

图 7

图 8

参考文献

[1] 中国建筑标准设计研究院. 国家建筑标准设计图集：16G101-1[S]. 北京：中国计划出版社.

[2] 建设部人事教育司. 钢筋工[M]. 北京：中国建筑工业出版社，2006.

[3] 中国建筑工业出版社. 建筑工程施工质量验收规范汇编[M]. 北京：中国建筑工业出版社，2015.

[4] 陆化来. 抹灰工艺与实训[M]. 北京：高等教育出版社，2009.

[5] 建设部人事教育司. 抹灰工[M]. 北京：中国建筑工业出版社，2015.

[6] 杨澄宇，周和荣. 建筑施工技术与机械[M]. 北京：高等教育出版社，2007.

[7] 卢秀梅. 建筑施工综合实训[M]. 北京：机械工业出版社，2008.

[8] 陈从建. 抹灰工技能[M]. 北京：机械工业出版社，2008.

[9] 本书编委会. 抹灰工长一本通[M]. 北京：中国建材工业出版社，2009.

[10] 姚谨英. 建筑施工技术[M]. 北京：中国建筑工业出版社，2007.

[11] 周海涛. 图解木工基本技术[M]. 北京：中国电力出版社，2008.

[12] 建筑科学研究院. 建筑施工扣件式钢管脚手架安全技术规范：JGJ130—2011[S]. 北京：中国建筑工业出版社，2011.